化学工业出版社"十四五"普通高等教育本科规划教材

# 工程文化概论

（第二版）

马鹤瑶　白玉婷　李洪涛　主编

U0231083

化学工业出版社

北京

## 内容简介

工程文化是自然科学和人文科学相结合的一门交叉学科，从"工程"的角度看工程文化必须尊重和秉承工程活动的科学精神，从"文化"的角度看工程文化必须继承和发扬文化价值的人文精神。

本书编者从事工程文化相关课程教学十余年，根据多年经验积累，着意从建筑、机械、材料、信息等工程领域，展示工程的实践、约束、协同、科学、创造、系统等属性。从案例出发，引导学生树立正确的工程价值观念，为培养高素质应用型人才奠定基础。

本书可作为理工科院校进行工程文化普及的教材，也可作为对工程文化感兴趣的读者深入了解工程文化的参考资料。

**图书在版编目（CIP）数据**

工程文化概论/马鹤瑶，白玉婷，李洪涛主编.—2版.
—北京：化学工业出版社，2022.9（2024.9重印）
ISBN 978-7-122-41896-8

Ⅰ.①工…　Ⅱ.①马…②白…③李…　Ⅲ.①文化-
关系-工程技术-概论　Ⅳ.①TB-05

中国版本图书馆CIP数据核字（2022）第131047号

责任编辑：宋　薇　　　　　　　　　　装帧设计：张　辉
责任校对：宋　玮

出版发行：化学工业出版社（北京市东城区青年湖南街13号　邮政编码100011）
印　　刷：北京云浩印刷有限责任公司
装　　订：三河市振勇印装有限公司
710mm×1000mm　1/16　印张12¹/₂　字数255千字
2024年9月北京第2版第5次印刷

购书咨询：010-64518888　　　　　　售后服务：010-64518899
网　　址：http://www.cip.com.cn
凡购买本书，如有缺损质量问题，本社销售中心负责调换。

定　　价：45.00元

## 第二版前言

工程文化一词是在国外呼唤工程回归以及国内重塑工程内涵的背景下诞生的。一项工程成功的关键，不仅仅依靠技术进步，还有赖于背后的文化支撑，所以要求当代工程师同时具备专业技能与相应的文化素养，用以指导工程真正造福社会，通过工程文化全面把握人与自然的关系，开启对"工程回归"等概念的研究热忱。

本书在第一版《工程文化概论》的基础上，更加聚焦工程背后的文化内涵，通过对各个传统工程领域的介绍来透视蕴含在工程背后的文化内涵起到的重要作用，从而引发学生深入思考文化对于工程的影响，达到唤醒工程文化情怀的目的。

本书在内容编排上以各传统工程领域进行分章，所撰写的工程领域包含建筑、机械、材料、信息等。各章以"工程知识、工程案例、人文精神"的递进方式，生动地展示了工程的实践性、创造性和文化属性。注重前沿与地方特色结合，融入了质量、安全、诚信、坚持等"课程思政"元素，聚焦我国大型工程案例。

通过对本书的学习，旨在让学生了解各个工程领域的概况和发展动态，建立工程系统观。通过对各个工程领域背后文化因素的分析，使学生认识到文化对于工程的主导作用，树立起正确的工程价值观和工程伦理观；拓宽学生的视野和工程技术的知识面，为培养具有家国情怀、全球视野的高素质工程技术人才奠定良好的基础。

本书由马鹤瑶、白玉婷、李洪涛主编，全书共分为九章：第一章、第四章、第八章由白玉婷执笔；第二章、第六章、第九章由马鹤瑶执笔；第三章、第五章由李洪涛执笔；第七章由张海录、宁姗、邹新凯执笔。

　　本书在编写过程中参阅了相关书籍和资料，在此对有关作者表示衷心感谢！

　　限于编写人员水平，书中若有不妥之处，恳请广大读者提出宝贵意见。

编者

2022 年 7 月

# ● 目 录 ●

## 第三章　机械工程与文化　032

**第四章　材料工程与文化**　　`054`

## 第九章　机器人工程与文化　171

《工程文化概论》见面课考核表

| 组号 | 题目 | 关键词 | | 内容简介 | 团队成员 | | | | 填表 2分 | 海报 5分 | 制作 美观 10分 | 主题汇报（未脱稿，本项0分） | | | | | | | 投票 学生互评 5分 | 合计 50分 |
|---|---|---|---|---|---|---|---|---|---|---|---|---|---|---|---|---|---|---|---|---|
| | | 工程 | 文化 | | 姓名 | 学号 | 专业班级 | 省份 | | | | 表达 9分 | 条理 5分 | 心得 5分 | 新颖 3分 | 相符 2分 | 调研 2分 | 时长 2分 | | |
| | | | | | | | | | | | 教师评分45分 | | | | | | | | | |
| 1 | | | | | | | | | | | | | | | | | | | | |
| 2 | | | | | | | | | | | | | | | | | | | | |
| 3 | | | | | | | | | | | | | | | | | | | | |
| 4 | | | | | | | | | | | | | | | | | | | | |

## 第一章

# 绪论

　　工程文化属于文化的一种表现形式，是文化蕴含于工程中的精髓，也是人类在工程实践中所积累的重要财富。

　　本章主要从具体工程案例着手，诠释工程文化内涵以及学习工程文化的重要性。在时代浪潮的推动下，迫切需要"工程"与"文化"的深度融合。对工程文化的学习研究，有助于我们在工程活动中自觉地融入科学精神与人文精神，不断创新提升，解决工程与社会的矛盾问题；有助于我们更好地把握工程的发展规律；有助于实现工程与人类社会的可持续发展。

## 第一节　工程文化内涵

### 一、工程

　　"工程"一词，初始涵义为兵器制造、具有军事目的的各项劳作等，后期逐渐扩展到其他领域，例如，机器制造、修路建筑等。目前广泛认可的工程的定义为：科学和数学的某种应用，通过这一应用，使自然界的物质和能源的特性能够通过各种结构、机器、产品、系统和过程，以最短的时间和最少的人力、物力做出高效、可靠且对人类有用的东西，将自然科学的理论应用到具体工农业生产部门中形成的各学科的总称。

　　**狭义"工程"**——创造和建构新的社会存在物的人类实践活动。

　　**广义"工程"**——人为达到某种目的，在一个较长时间周期内进行协作活动的过程。

### 工程概念理解实例——哈尔滨松浦大桥

建设目的：解决江南江北的交通困难。松浦大桥北岸居民过江时间由90min变为10min，缩短近80min，极大地节省了时间成本。

建设周期：两年半，2008年5月25日（开工建设）～2010年10月13日（建成通车）。

建设过程中多专业协作：工程力学、机械、土木等多学科工程技术人员协同合作。

哈尔滨四季分明，温差最大可达70℃左右，因此在桥梁的材料选择上都经过仔细的筛选与精准的计算。

大桥为钻石型独塔斜拉桥，共有108根钢索，为保证钢索受温度影响最小，钢索需在3h内完成合拢，且避开阳光直射，最终选择深秋的凌晨3点钟左右，温度零上7～8℃。

为保留原有的航运需求，大桥采用大跨度设计，整个江面上除主塔外仅有两个桥桩，在抗震、抗风、抗撞、防洪等多方面显示出其先进性，是一个典型的工程项目。

哈尔滨松浦大桥（图1-1）在建设过程中各专业工程师采用多项新技术，遇到困难就地开展课题研究，是哈尔滨建桥史上综合条件最复杂、科技含量最高的特大型桥梁工程，类比国际也属特大型桥梁工程。该桥梁获多项殊荣，包括2011年国家建设工程质量最高奖——鲁班奖。

图1-1 哈尔滨松浦大桥

## 二、文化

文化是人类区域化生活要素的总称。简而言之，人类在社会历史发展过程中所创造的物质财富和精神财富的总和均属文化范畴。

若想深度解读文化的概念很难，但有这样的基本共识：文化是相对于政治、经济而言的人类全部精神活动及其产品。

## 文化概念理解实例——北京故宫

故宫位于北京城中心，又称紫禁城，是中国明清两代帝王的宫殿，是世界上现存规模最大、保存最为完整的木结构古建筑群之一。

故宫整体布局以《周礼·考工记》："左祖右社，面朝后市"为据。左祖，皇帝祭祀祖宗的太庙，现为劳动人民文化宫；右社，社稷坛（古时皇帝祭祀土神和谷神），现为中山公园；面朝，朝臣办事的处所；后市，民众进行交易的市场。东西对称，南北为轴。中轴线依次坐落三大殿（太和殿、中和殿、保和殿）、后三宫（乾清宫、交泰殿、坤宁宫）、御花园等主要建筑。北环万岁山，南面金水河，正巧与古人"负阴抱阳，冲气为和"的建宫原则相符，完美系统地诠释了当时天子至尊、君权神授的核心思想。

从图1-2全景看，故宫为大面积的红（屋身）黄（黄色琉璃屋顶）交织。《易经》有云"天玄而地黄"，古代五行常与五色、五方相配。五行：木、火、金、水、土。五色：青、赤、白、黑、黄。五方：东、南、西、北、中。五色与五行相配：木青、火赤、金白、水黑、土黄。五行与五方相配合，水居北方，火居南方，木居东方，金居西方，土居中央（图1-3）。黄色为五方之中，黄色的大量应用与权威亦是源于"普天之下，莫非王土"。

图1-2 北京故宫

红色亦为主色之一，象征希望、满足，有喜庆之意。明朝规定，送与皇帝的奏章为红色，称红本，皇帝批阅用"朱"批。直到今天，红色在我们的学习工作生活中也异常重要。例如，象征权威的红头文件等。

北京故宫最大的魅力在于建筑形式所蕴含的文化内涵和审美意蕴。它体现了古代人与自然和

图1-3 五行五色五方

谐统一的思想和审美，更加体现了"以人为本"的实践精神。封建社会的宗法制度，秩序井然、等级森严，这在其建筑中得到了具体的体现和严格的规范。除此之外，它还蕴含了传统的五行思想文化和阴阳秩序，并运用了数、形、字、色等一系列建筑符号。故宫布局完整，规模庞大，气势雄伟，可以说是中国古代宫殿建筑的完整典范。在世界五大宫殿（故宫、凡尔赛宫、白金汉宫、白宫和克里姆林宫）中位居首位，北京故宫也是世界文化遗产和国家重点文物保护单位。

## 三、工程文化

从"工程"的角度看，工程文化必须尊重和秉承工程活动的科学精神；从"文化"的角度看，工程文化必须继承和发扬文化价值和人文精神。因此，工程文化是工程的科学精神和文化的人文精神的有机统一。工程文化是人类工程或工程活动对人类的生存环境和人类未来命运的安排和托付。

众多致力于人与自然、人与社会、人与人之间协同和谐关系，致力于可持续科学发展的工程活动的信仰、哲学、理性、理念、规范、经验等都与工程文化息息相关。

工程文化彰显和弘扬的是人类在复杂的物质性工程实践活动中渗透、融汇和体现出的文明成就，以及在这一过程中折射、蕴涵、释放出的人文主义光辉和人本主义精神价值。

工程文化不同于一般性文化，其特定性在于文化的实践性，它是人类在复杂的改变物质世界的工程实践、技术实践、创造实践等一系列实践活动中所展现出的认知方式和精神财富。同时，工程文化产品的精神理念和价值追求，又对工程实践活动起到指导作用。

为工程文化下一个准确的定义，的确是一件非常困难的事情，至今还没有一个被普遍认同的定义。工程文化的内涵可简单归纳为：在工程活动中，能够体现人们价值观或能够指引工程可持续发展的思维方式和行为准则。

### 1. 价值观

每项工程都有其特定的历史背景与环境制约，因此工程具有价值取向与系统见解。也就是说，每个工程都有属于自己的工程文化，能够体现时代的主流价值观。

### 2. 可持续发展

可持续发展是指既满足当代人的需要，又不对后代人满足其需要的能力构成危害的发展。简而言之，就是指经济、社会、资源和环境保护协调发展、密不可分的系统，既要达到发展经济的目的，又要保护好人类赖以生存的大气、淡水、海洋、土地和森林等自然资源和环境，使子孙后代能够永续发展和安居乐业。

### 工程文化概念理解实例——"鸟巢"

国家体育场（鸟巢）是由两位瑞士著名建筑师赫尔佐格、德梅隆与中国建筑师李兴钢等共同协作完成设计建造的巨型体育场（图1-4）。

驻足仰望鸟巢，其外形整体类似中国人最喜欢的圆形，用近400t钢材为"枝"，搭建可容纳近10万人的温馨鸟巢，寓意呵护生命，生生不息。

"巢"在《说文解字》中解释为："鸟在木上曰巢"。可见鸟巢才是木质结构的"开篇"。以"鸟巢"为名，寓意"筑巢引凤""百鸟归巢"，象征着全世界运动健儿的大聚会将盛况空前。"鸟巢"里面的体育场看台呈碗状，碗在中国传统文化中代表"食禄"和"财禄"，"鸟巢"藏"碗"象征盆满钵满。

五行中，"鸟巢"代表东方，象征着东方之国的崛起以及生命与运动。其象征意义不仅与体育功能相契合，而且与中国的快速发展相得益彰。

图1-4　国家体育场（鸟巢）

鸟巢建造过程中采用多种世界先进的环保技术，充分呈现了可持续发展在工程中的应用。例如，"巢"外主要考虑观众对自然通风与光线的需求，设计为半开放结构，尽量减少电器使用带来的能源消耗；"巢"内使用高效环保节能型光源；"巢"中312口地源热泵系统井位于足球场地之下，冬可通过地埋换热管吸收土壤中热量供热，夏可吸收土壤中存储的冷量向"鸟巢"供冷，进一步节约电力资源；"鸟巢"顶部雨水回收系统，可用于绿化、消防、冲厕、清洁跑道等；"巢"周边行人广场等室外照明系统也尽量采用太阳能发电。诸多先进的绿色环保举措使"鸟巢"成为了名副其实的大型"绿色建筑"。

体育场最重要的作用是观看比赛，"鸟巢"设计中充分展现了人文关怀。错落有致的高低层碗状坐席环抱赛场，无论你的座位在何处，和赛场的中心点距离都是140m左右；为残障人士设置比普通座席稍高的200多个轮椅座席，保证其视野观感与普通人无异；比赛时，场内还将提供助听器并设置无线广播系统，为有听力和视力障碍的人提供个性化的服务。

"鸟巢"这个现代工程产物，在北京这座千年历史名城的中轴线上烙印下了自己的名字，大放异彩。它的设计与建造，不仅继承了传统，又融入了现代元素，充分体现了现代价值观及以人为本可持续发展的理念。"鸟巢"如今已经成为北京市地标性的体育建筑。

# 第二节　为何学习工程文化

## 一、工程文化的普及是时代的要求

我国是世界上工科大学生数量较多的国家，高等工程教育规模增长迅速。目前，我国正处在以科技创新引领实体经济转型升级的关键时期，发展的根基要靠实体经济，实体经济发展必须实施创新驱动的发展战略。

我国拥有一定规模的科学技术人才队伍，蕴藏着巨大的创新潜能，能否充分发挥他们的创新潜能，很好地为我国经济社会可持续发展做出贡献，一定程度上取决于科技人才的工程文化素养。随着我国加入《华盛顿协议》，我国工程教育迅速走向国际化。

·1989 年《华盛顿协议》由英国、美国、爱尔兰、加拿大、新西兰、澳大利亚 6 个国家的专业民间工程团体发起和签署，即国际本科工程学位互认协议。签约成员认证后的工程学历基本相同，完成相关课程人员具有从事初级工程工作的学术资格，本科工程学历国际资格互认。

2013 年，我国成为《华盛顿协议》预备成员，2016 年年初转正考察后，同年 6 月 2 日，正式成为《华盛顿协议》会员。如何进一步推动工程教育改革，促进多样化工程人才培养，提高公众工程文化素养，成为十分紧迫的问题。

现代工程大规模高参数运行的事实，导致其失效的后果更加严重，近年来出现的各种工程事故，也给人们敲响了警钟。因此培养具有高度责任感的工程师，是工程教育义不容辞的责任，工程文化教育是工程教育的核心和灵魂。

20 世纪 90 年代初，"回归工程"的教育理念由美国麻省理工学院率先提出，本质是不只局限于科学技术本身，而是建立包括科学、道德、经济、社会、文化、法律、环境等诸多因素的"大工程"涵义。现代社会的大型工程不仅是多学科交叉，而且需要众多的社会组织部门参与，工程项目的成败不仅取决于技术因素，还取决于工程的经济效益、对环境和公众利益的影响、与工程所在地的文化是否兼容等非技术的工程文化因素。

因此，高等学校急需对大学生进行包括工程文化在内的全面工程教育，社会也亟待提高公民的工程文化素养。

## 二、人文精神点亮科学的启航灯

目前，我国无论从规模上还是数量上，均可以算得上是世界城市化发展速度最快的国家。下一个二十年，人们会如何揭开现在建筑的生命年轮？这是今天建筑工程师应该思考的问题。

青年建筑师马岩松（被世界经济论坛评选为2014年"全球青年领袖"）指出"城市中的建筑不应该成为居住的机器，再强大的技术和工具也无法赋予城市以灵魂"。他认为现代城市应该成为一个自然人文的城市，践行"山水"理念。在马岩松的设想及建筑实践中，山水城市应该既有现代城市所有的便利，也有东方人心中的诗情画意，将城市的密度与功能和山水意境结合起来，建造以人的精神和文化价值观为核心，能够引起情感共鸣的未来城市，实现"人离开自然又返回自然"的理想。

工程文化是人们在工程行为中自觉遵守社会道德规范的内在驱动力。若工程师在设计建造过程中能够坚持以人文精神作为出发点和归宿，并脚踏实地践行，必然能照亮科学发展的新方向，给未来以明确启示。

### 人文精神贯穿工程实例1——哈尔滨大剧院

哈尔滨大剧院（马岩松作品）坐落于哈尔滨松花江北岸，东北虎林园附近。大剧院建筑群依水而建，远望好似崛地而起的连绵雪山，整个项目连同周边湿地公园，形成一幅优美的山水画，体现了雪国景观大地的设计概念，是哈尔滨的标志性建筑（图1-5）。

图1-5 哈尔滨大剧院

哈尔滨大剧院外形钢结构复杂，空间高，跨度大，建设过程中有多项技术创新，获得了多个建筑类的奖项。例如，2015 年被 ArchDaily 评选为"2015 年世界最佳建筑"之"最佳文化类建筑"，获得 2016～2017 年度"中国建设工程鲁班奖"，2017 年获得第十四届"中国土木工程詹天佑奖"。

哈尔滨大剧院共由两个主剧场组成。小剧场首次尝试将自然光引入剧场，极大地改善了非演出时段的照明单一性，开启了节能环保新方式；大剧场采用喇叭状水曲柳多岛式看台的流线造型，与建筑雪山外形风格一致。看台收音效果好，可实现肉嗓演出；大剧场外围特有的人行观光环廊和观景平台，让游客不止于驻足合影，还能真切走入建筑本身，与其互动俯瞰湿地，领略哈尔滨独具特色的自然湿地风光。整个建筑与周边自然环境有机地融为一体，不仅是看歌剧、音乐会的剧场，而且成为了哈尔滨人假期休闲观光的重要场所。

音乐家孔巴略曾说："音乐是思维着的声音"，哈尔滨大剧院为产生这样的声音提供合适的氛围场所，成为了一座从物理上到精神上与人和自然互动的建筑，让我们重新思考人与自然的关系。

## 人文精神贯穿工程实例 2——玛丽莲·梦露大厦

玛丽莲·梦露大厦位于加拿大第七大城市密西沙加市。2005 年底，密西沙加市的两家开发商决定举办当地 40 年来的首次公开国际建筑设计竞赛——为规划中的一栋 50 层高的地标性公寓楼寻找一个创新的设计，建设一栋具有时代意义的超高层建筑，从而树立城市新形象。

马岩松领衔的北京 MAD 建筑师事务所的方案"玛丽莲·梦露大厦"（图 1-6），最终击败了进入提名阶段的另外 5 家建筑公司方案后脱颖而出。

玛丽莲·梦露大厦是一个全曲线的大厦，已经成为加拿大密西沙加市的地标建筑。其设计不再屈服于现代主义的简化原则，而是表达出一种更高层次的复杂性，更多元

图1-6　玛丽莲·梦露大厦

地接近当代社会和生活的多样化、多层模糊的需求。连续的水平阳台环绕整栋建筑，传统高层建筑中用来强调高度的垂直线条被取消了，整个建筑在不同高度进行不同角度的逆转，来对应不同高度的景观脉络。设计师希望玛丽莲·梦露大厦可以唤醒大城市里的人对自然的憧憬，感受阳光和风对人们生活的影响。

## 三、人文情怀引导科学前进的方向

工程文化中的科学思维和人文情怀能够帮助人们在工程中自觉选择有益于人类社会整体长期发展的行为。有错必究，将严谨求实的科学精神贯彻始终是工程师应遵守的重要准则之一。

### 严谨科学思维实例——古盗鸟事件

1999 年 11 月，美国《国家地理》杂志，刊出标题为"霸王龙长羽毛了吗？"的一篇文章，文中报道了一种来自中国的"新物种"——辽宁古盗鸟。

文章一经面市即迎来全球范围的轰动，因为这正是多少年来，古生物学家苦苦追寻的答案——恐龙向鸟类进化的关键环节。一时间，"辽宁古盗鸟"成为耀眼的明星。

但事实果真如此？回顾一下这个事件的过程，也许能帮助我们了解事件的真相。

早在同年 2 月，事件已悄然开启于世界最大的化石市场。美国一所恐龙博物馆的馆长斯蒂芬·赛克斯在此买下了一块与众不同的化石——"辽宁古盗鸟"标本。赛克斯馆长是一位恐龙爱好者，曾发表过关于恐龙的科普刊物及学术文章，但并未接收过古生物学的正统训练。

得到化石后他邀请了好友菲利普·居里共同研究撰写论文。居里是世界古生物学界比较有经验的兽脚类恐龙方面的专家。受邀后，居里表示很感兴趣，并提出相关论文可向《国家地理》杂志投稿。

但研究前有一问题亟待解决，国际规定各国科学家不得研究走私而来的化石。想让研究更合法化，杂志编辑与居里共同劝说馆长夫妇，邀请中国科学家共同研究并在研究完成后将标本归还中国。至此研究正式提上日程，中国科学院古脊椎所委派徐星博士参与研究"古盗鸟"。但在初期研究过程中，徐星博士由于国内工作交接等问题未能亲赴美国亲眼所见标本真身。

与此同时《国家地理》杂志已决定让"古盗鸟"成为十一月刊的主角。为确保科学方面没有问题，在刊登科普文章前，《国家地理》希望得到学术权威的科学期刊支持，但论文却先后遭到《自然》与《科学》的拒稿，原因是需要更多的古盗鸟类鸟证据。直到百万册《国家地理》完成印刷，与"古盗鸟"有关的学术论文仍未发表。

1999年10月，徐星博士在美国犹他州第一次观察了这块化石标本，并发觉有些拼接处并不协调，但并没过多时间思考，直到一个月后，徐星博士在机缘巧合之下得到了一块标本，经过仔细比对，结果令人大吃一惊。新得到的标本的尾部与"古盗鸟"的尾部为正副模关系，原来"古盗鸟"标本是人为将小盗龙的尾巴放到一个鸟类身体上，形成的"新物种"。

随后徐星博士将此研究结果告知《国家地理》杂志，震惊世界。不仅是古生物学界，由于各媒体的大篇幅报道（图1-7），甚至在普通人群中也影响颇大。

图1-7　古盗鸟报道

据加拿大科学家居里后来回忆，"当时感觉尾巴与身体之间是有点问题"。但居里并未本着科学家严谨的态度继续求真，而是寄托于馆长夫妇会将此事告知。但事实是馆长夫妇从未担心过标本问题，也没有向《国家地理》杂志编辑说明。正常《国家地理》审稿程序中会邀请相关专家进行审阅，但由于居里本人就是知名专家，所以在审稿上似乎也没往常那般细致。

负责科学内容准确性的编辑凯瑟·马霍回忆道，当时由于是居里一直在跟进负责，认为不会有什么纰漏。现在居里承认自己失责，他说："我绝对应该自己警告《国家地理》，而不是依赖别人。"这是导致《国家地理》犯错的原因之一。

在失去了它渴求的科学支持的情况下仍然发表了"霸王龙长羽毛了吗？"科普文章，这是《国家地理》犯错的原因之二。

许多看过这块标本的专家学者也发现"辽宁古盗鸟"标本经过了拼接而质疑标本，但拼接标本也是常事，主要是没有直接证据证明"辽宁古盗鸟"的标本是由不同动物标本拼接而成的。这是《国家地理》最终决定发表这一文章的原因。

可能是对成功找到鸟类起源的强烈渴望，使得科学家们暂时失去了理性，但是科学来不得半点马虎和虚假。2000年4月初，徐星博士受邀携相关化石证据赴美。在华盛顿接受了国际古生物界著名专家团队的最终审议，澄清此次事件的疑问。

美国国家地理协会网站在真相确认后，正式向公众发布了评审结果。认为中国徐星博士所提供的证据确凿，原"古盗鸟"化石标本确为不同动物标本拼凑。

幸运的是，"古盗鸟"化石事件及时止损，纠正了科学发现和研究上的一次错误方向，也避免了一场更大的科学悲剧的发生。

科学技术作为人类智慧的结晶，不仅创造了巨大的生产力，推动经济社会发展，而且不断丰富和发展求真求实的科学文化内涵，形成了以科学精神为精髓的人类社会的共同理念、价值标准和行为规范。科学精神不仅是推动科学技术发展的不竭动力，也是引领人类文明进步的重要标杆，千百年来一直深刻影响着人们的行为方式和价值追求。

### 四、跨专业视野人才更适应系统工程

随着科技的不断发展，人类对未知的探索不断深入，现代化工程也越来越复杂。例如无人驾驶汽车、天宫号空间实验室等，此类工程，不是单一的学科领域的科技人员能够独立完成的，需要一个庞大的工作团队协作完成。

从 20 世纪 70 年代开始，美国、英国、德国等发达国家开始进行无人驾驶汽车的研究，在可行性和实用化方面都取得了突破性的进展。我国从 20 世纪 80 年代开始进行无人驾驶汽车的研究，国防科技大学在 1992 年成功研制出我国第一辆真正意义上的无人驾驶汽车。2005 年，首辆城市无人驾驶汽车在上海交通大学研制成功。

天宫号空间实验室，主要开展地球观测和空间地球系统科学、空间应用新技术、空间技术和航天医学等领域的应用和试验，包括释放伴飞小卫星，完成货运飞船的对接，涉及包括机械、通信、发动机、力学、微重力基础物理、空间材料科学、空间生命科学等多个领域，需要多学科领域的科技人员通力合作，在整个工程当中不仅要考虑经济效益，同时还要考虑对环境的影响，考虑工程能为人类社会的可持续发展发挥的作用等，这就需要我们培养具有跨专业领域视野及人文情怀的创新人才。

## 第三节 如何学习工程文化

工程文化是一门通识教育课程，涉及多学科融合，包括工程、历史、文学、哲学、环境学等，展示了不同领域探索知识的思维模式和分析方法，

学习中需要深刻领悟多学科和多专业交叉的特点，引导学生树立工程可持续发展价值观。

## 一、工程文化的学习目标

工程文化的学习立足于培养"思想道德素质高、工程实践能力强"的高素质应用型人才目标。以"大工程"背景为基础、"大实践"为载体，落实"大德育"人文精髓，树立正确工程价值观，培养工程师素养，坚持知识、能力、素质有机融合。

（1）知识传递。对典型工程领域进行通识介绍，开拓工程视野，增强对工程的系统性认知。

（2）能力培养。实践体验工程中的文化元素，可回溯的过程化考核方式，深入探究工程文化内涵，培养解决工程可持续发展问题的能力。

（3）素质提升。剖析文化对工程的深刻影响，培养工程审美、工程伦理、工匠精神、创新精神、科学精神等工程文化素养。

## 二、工程文化的学习形式

专题讲座以案例分析为主要形式，实践教学以调研分享为手段。在教学理念上，打破传统的人文精神培养与科技知识教育相割裂的樊篱，在教学中强调"以工程为载体，以文化为导向"，在教学中着重挖掘工程领域发展的典型案例背后蕴含的人文情怀，使学生了解工程文化内涵，培养学生的工程文化意识，树立正确的工程价值观念。

专题讲座覆盖了多个工程领域，通过典型工程案例剖析文化在工程中的约束性作用，培养以工程审美、工匠精神、创新精神、文化设计、工程伦理、科学精神、可持续发展等思想为核心的工程文化意识。

调研分享以问答和讨论的方式回顾专题讲座内容，并对专题进行扩展和补充。组织小组讨论，通过环环相扣的问题，感悟工程中的文化内涵；提供一组"工程"与"文化"关键词构成半开放选题，以团队方式对工程案例进行实践调研，再通过演讲分享对工程中蕴含文化内涵的理解和感悟，挖掘工程中的文化因素，锻炼发散思维、自主学习、社会实践、语言表达和团队合作五个方面的能力。

以各工程领域的精典案例为内容的工程文化长廊，营造了"工程教育就在学生身边，学生就在工程教育之中"的工程文化育人环境。通过"工程文化知识竞赛"和"工程文化演讲大赛"等素质教育活动，提升对工程文化知识的实践运用能力。

### 三、工程文化的学习方法

通过"专题讲座""问题研讨""主题汇报"的"三题"学习法，构建专题讲座、调研分享、实践体验、环境熏陶、创新提升五位一体的教学体系。

（1）各工程领域的"专题讲座"，以"工程知识、工程案例、人文精神"的递进方式，用生动的案例展示工程的实践性；从惯性思维方式出发，积极地、创造性地思考，主动获取工程文化知识。

（2）以"问题研讨"的方式，巩固和拓展"专题讲座"知识点。

（3）通过选题、调研，最终以"主题汇报"来展示学习成果，践行工程的文化属性。

工程文化的"三题"学习法实现了"题"的统一性和同一性。"专题"围绕特定的文化关键词为核心组织素材；"问题"结合文化关键词开展研讨；文化关键词"主题"贯穿整个分享汇报过程。

工程文化的学习坚持以学生为中心、问题引导式和探究式学习、成果导向考核；专题案例和教学方法持续改进；融入了质量、安全、诚信、坚持等"课程思政"元素，聚焦我国大型工程案例，体现家国情怀，提升民族自豪感。

 **思考题**

1. 请描述一个你印象深刻的工程，并说明原因。

分享作业可扫码查看往届实例。

2. 结合下表，请试着从感兴趣的工程领域着手，选一个核心文化关键词，配以实例谈谈你对工程文化的理解。

| 工程关键词 | 文化关键词 | | |
|---|---|---|---|
| 结合专业 | 以人为本 | 信　念 | 创　新 |
| 建　筑 | 科学精神 | 环　保 | 诚　信 |
| 交　通 | 精益求精 | 审　美 | 信　任 |
| 机　械 | 工匠精神 | 安　全 | 严　谨 |
| 环　境 | 家国情怀 | 修　养 | 取　舍 |
| 材　料 | 无私奉献 | 礼　仪 | 耐　心 |
| 计算机 | 百折不挠 | 传　承 | 人　格 |
| 电　气 | 辩证思维 | 三　观 | 专　注 |
| 通　信 | 质疑精神 | 忠　诚 | 包　容 |
| 机器人 | 拼搏进取 | 敬　业 | 质　量 |

## 第二章

# 建筑工程与文化

　　建筑从最初作为人类的居所产生以来，就带有天然的功能属性，其功能随着人类社会的发展不断变化。时至今日，建筑的类型已经发展得相当丰富，衍生出居住建筑、公众建筑、工业建筑、农业建筑等。在居住类型的建筑中，有住宅与集体宿舍等建筑形式，住宅类型有普通住宅、高档公寓、别墅等；公众建筑有办公楼、商店、购物中心、影剧院、商务酒店、体育馆、展览馆等；工业建筑是在工业生产中所使用的建筑类型，有厂房、仓库等；农业建筑是为农业生产提供服务的建筑形式，包含养殖场、料仓等。

　　人们发明出许多建筑技术，结合不同的建筑材料来实现建筑的功能。建筑技术在追求实用性的基础上逐渐发展起来，不断完善，形成了今天的建筑技术体系，包含设计、结构、施工、装饰、园林、道桥、造价等方面。除此之外，建筑还具有美学价值属性。古今中外的建筑之所以值得被人们反复欣赏，正是源自建筑中的文化价值。本章内容旨在通过东西方建筑的差异对比，揭示文化在建筑中的重要作用，使人们能够关注到建筑工程活动中的审美。这是当今时代背景下卓越工程必须具备的非技术要素。

## 第一节　中国古建筑

　　我国的古代建筑历史悠久，承载着深厚的文化底蕴，在人类建筑史上熠熠生辉、闪耀光芒。

## 一、祭祀建筑

用于祭祀的"礼制建筑",大体可以分为坛、庙、宗祠;明堂;陵墓;朝、堂;阙、华表、牌坊五大类型。坛被统治阶级垄断,主要用来祭祀神祇,庙用来供奉祖宗,宗祠一般用于民间祭祖。明堂则是宗教和政治的综合体,既可以用来祭祀,也可以会见诸侯,宴飨、射箭比赛、献俘仪式等活动均可以在这里进行。

坛,是古代用来祭祀神灵的公共场所。人们希望自己的祈愿能够顺利地被神灵聆听,因此祭祀场所尽可能选择高地,拉近与上天的距离。由于生产力的限制,最初的坛往往是在平地上用土堆筑高台。特别重要的祈愿,统治者会寻找高山进行祭祀活动,如秦始皇的封禅活动,就选择在泰山顶建造祭坛。

天坛作为明清两代皇帝祭祀皇天、祈五谷丰登的重要场所,是我国古代祭祀建筑群落中的典型代表(图2-1)。它始建于明永乐十八年(公元1420年),明清两个朝代多位皇帝亲临此处祭天。祭祀上天是古代的重大祭祀活动,通常由"天子"主持,因此祭天仪式成为皇帝的特权。天坛位于都城的南郊,主要有两方面原因:其一,郊外远离城市,环境幽静,更接近天体宇宙,能够增加崇敬肃穆的气氛;其二,按照古代阴阳学说,天为阳,地为阴,方位之中则规定北方属阴,南方为阳。明成祖朱棣在为北京做规划时,分别在都城外的南、北、东、西郊修建了天、地、日、月四坛。

图2-1 天坛

天坛占地约273hm$^2$,由两道垣墙围绕而成。垣墙将全坛分为内坛和外坛,其外形独特,北边的垣墙围绕成圆弧形状,而南边的垣墙则保留了传统的方形。这让人很容易联想到古人"天圆地方"的宇宙观。"圆则杌棿,方为吝啬","天圆"则产生运动变化,"地方"则收敛静止,动静之间,天地自成。整个建筑群落以中轴线为参照排布得错落有致,中轴线上由南至北分布着圆丘、皇穹宇、丹陛桥、祈年殿等建筑（图2-2）。

图2-2　天坛公园导游图

圆丘是皇帝进行露天祭祀的场所。它的建筑构造保留了祭坛的原始风貌，由三层圆形石台基组成。台基的正中央有一块圆形石板，名叫"天心石"，是皇帝祭天时所处的位置。人站在其上呼喊，声音可经由四周建筑围墙的折射形成明亮而深沉的回响，仿佛来自九天之上众神的回应。

古人对上天的崇敬被雕刻在独具匠心的建筑设计中。以"天心石"为圆心，上层台面共铺设9环扇面形状的石板，从1环的9块石板到9环的81块石板；中层台面9环石板，从10环90块到18环162块；下层台面从19环的171块到27环的243块。三层台面总计378个9，共3402块石板，象征"九重天"。圆丘（图2-3）的四周由石制栏杆层层围绕，栏杆的石板上雕刻精美的花纹，最上层每面有18块石板，四面共72块，由8个9组成；中层每面有27块石板，四面共108块，由12个9组成；下层每面有45块石板，四面共180块，由20个9组成。三层台面的石板总数为360块，正合立法中"一周天"的360°，即一年360天。天坛每层台阶数同样为9，再次强调"九重天"的象征意义。

图2-3　圆丘

天坛北坛的主要建筑是祈年殿（图2-4），这是一座封闭的建筑，是皇帝夏季祈求丰年的地方。祈年殿全高9丈9尺（一组极阳数），3重屋檐（3，阳数），蓝瓦金顶（蓝色象征天空的颜色）。其内部构造同样颇具象征意义。祈年殿中央4根龙井柱金碧辉煌，高高耸立，支撑着最上层屋檐，象征春夏秋冬四个季节；中间一圈 12 根金柱支撑中层屋檐，象征 12 个月份；外圈 12 根檐柱支撑下层屋檐，象征一天中的 12 时辰；檐柱、金柱合计 24 柱，象征农历 24 个节气；它们再加上龙井柱合计 28 柱，象征苍龙、白虎、朱雀、玄武的周天二十八星宿。为了加强对上层屋檐的支撑，祈年殿上部还设计有 8 根童柱，它们与下层的 28 根柱子合计 36 柱，象征三十六天罡。这些数字的内涵与我国古代农业生产活动息息相关，体现出了古人"重农"的思想，映射出当时的社会以农业为主的自然经济状况。

图 2-4　祈年殿

　　天坛是现存最大的祭坛建筑群，处处体现了古人对于上天的崇敬之情。人们通过它可以更深刻地理解先人是如何看待天地万物的。

## 二、园林建筑

　　我国古典园林的形式丰富多样，既有以山峦丘陵、江河湖泊等自然环境为主的风景园林，也有人工修建的私家园林、皇家园林和寺庙园林。它们效法自然，却又巧夺天工。自然环境的风景园林主要是借助自然之势，在其中少量点缀人工建筑，如杭州的西湖景区。人工建造的园林则用堆石、挖池、种植花木等方式营造出具有自然山水形态的微观环境。在人造园林中，不但讲究建筑与环境的和谐，也注重人文内涵与环境的融合。在这种理念的指引下，逐渐发展出了山水、园林、人文三位一体的独特景象，达到"虽由人作，宛自天开"的审美旨趣。

　　拙政园作为江南私家园林的代表，始建于明正德初年（16 世纪初）（图2-5）。官场失意还乡的御史王献臣，以大弘寺址拓建为园，取晋代潘岳《闲居赋》中"灌园鬻蔬，以供朝夕之膳……此亦拙者之为政也"意，名为"拙政园"。园内中亘积水，浚治成池，弥漫处"望若湖泊"。园内共有 31 处景观，形成一个以水为主、疏朗雅致、近乎自然风景的园林。嘉靖十二年（1533年），文徵明依园中景物绘图 31 幅，各系以诗，并作《王氏拙政园记》。

图 2-5　拙政园俯视图

　　拙政园的中部为其精华所在。总体布局以水池为中心，亭台楼榭皆临水而建。以荷香喻人品的"远香堂"为主体建筑，位于水池南岸，隔池与东西两座山岛相望。池水清澈广阔，遍植荷花，山岛上林荫匝地，水岸藤萝粉披。山岛上各建一亭，西为雪香云蔚亭（图 2-6），东为待霜亭（图 2-7），与西侧的荷风四面亭（图 2-8）组成了"一水三山"的神仙胜景。

图 2-6　雪香云蔚亭

图 2-7　待霜亭

图 2-8　荷风四面亭

　　乾隆皇帝六下江南，爱极了江南水乡的旖旎婉约，为孝敬其母，以西湖为蓝本亲手设计了清漪园，这就是现在的颐和园（图 2-9）。颐和园的设计与建造独具匠心，脱胎于江南的清通灵秀，成就于北方的气势磅礴。颐和园的巧妙设计，重点体现在"福山寿海"之上。整个昆明湖被修建成歪嘴寿桃的模样，寓意延年益寿；昆明湖北岸的弧形与突起的排云门码头构成一只趴伏在万寿山上的蝙蝠，寓意吉祥如意；南湖岛、十七孔桥（图 2-10）与廊如亭则组成了寿龟的图案，寓意长寿健康。

图2-9 颐和园

图2-10 十七孔桥

颐和园有来自房山的青芝岫，有来自江南的太湖石，也有来自全国的木材；有黄山遒劲的青松，也有水乡映日的荷花；有源自湖北的楼阁，也有借鉴藏式的佛堂。颐和园隐含着中华文化的意韵。昆明湖中三座湖心小岛南湖岛、团城岛、藻鉴堂岛象征"一水三山"；东堤有铜牛，西岸耕织图，象征农耕文化；东面文昌帝，西面有关羽，象征文治武功，文武双全；南湖岛有龙，凤凰墩有凤，象征龙凤呈祥，万事顺遂。颐和园，集天下美景与传统文化于一身，观一园如观天下。

## 三、宫殿建筑

在所有我国古建筑中，宫殿建筑的资料最为详尽。探寻宫殿建筑有助于更好地理解我国古建筑所承载的价值与意韵。历史上各个朝代的宫殿建筑都是当时最隆重奢华的建筑，它们的建成往往集中了当时最优秀的工匠、最成熟的建造技术和最杰出的艺术成就。历代宫殿建筑大致有两种模式：一种是在中轴线排列建筑物的"周制"，另一种是两宫分立的"秦制"或"汉制"。盛唐时代的宫殿建筑则表现出勇往直前、兼收并蓄的气概，大胆地在皇城东北角修建了大明宫。大明宫与龙首山的地形地貌巧妙结合，表现出极为雄伟的构图。宋代的皇帝创立了"前三朝，后三朝"之制，明清宫殿的设计也沿用了这个制式。明清的皇宫是在元大都的基础上重建起来的。元大都是一个新建的都城，是一个以皇宫为中心的城市，因此以往历朝历代的皇宫计划都不如元大都那样，皇宫与城市成为一个有机统一的整体，整个城市以宫城为主组织起来。几乎所有研究我国传统建筑的学者一致认为，"主座朝南，左右对称，强调中轴线"为典型的、正规的我国古典建筑的平面构图基本原则，这种建筑布局方式是儒家思想影响的结果。

故宫的中轴线，南起永定门，北抵钟鼓楼，全长约 8km（图 2-11）。故宫左侧是祭祀祖先的太庙；右侧是祭祀土地和谷神的社稷坛；前边是国家施政的重要场所，后边神武门外侧是经商贸易的市场。

图 2-11 故宫中轴线

故宫的微观格局大体分为前朝与后廷两部分，其主要建筑均建立在中轴线上。前朝三大殿太和殿、中和殿、保和殿，是国家举行重大典礼的地方，称为"前三殿"；后廷乾清宫、交泰殿、坤宁宫，统称"后三宫"。前朝中轴线左右分别为文华殿、武英殿，是皇帝讲经刻书之地，遵循"左文右武"的规范；后廷对称排布东西六宫，是妃嫔及幼年子女居住之处。位于故宫南侧的正阳门、大明门、天安门、端门、午门（图 2-12），同样遵循了"天子五门"的礼制传统。

故宫中轴线上最雄伟的建筑是太和殿。工匠们通过台基抬升建筑的高度，用增大屋顶在立面结构的比重来营造单层建筑的威严气势（图 2-13）。

图2-12 午门全景

图2-13 太和殿、中和殿、保和殿台基

台基、屋身和屋顶，作为房屋的三个组成部分，千年以前就被工匠们确立下来，成为我国古建筑的"三部曲"。

台基的出现最初起因于功能性的作用，是一种防洪涝的安全措施。但后来台基的高度被《礼记》中"天子之堂九尺，诸侯七尺，大夫五尺，士三尺"的规则所制约，用来表现房屋主人的权势和地位（图2-13）。

以外形设计而论，屋顶的设计是最受重视的。今日还能看到的典型传统屋顶大概有庑殿、歇山、悬山、硬山、卷棚和攒尖几种形式，当然它们的使用也要遵守传统制式上的规定。太和殿的屋顶就采用了等级最高的庑殿屋顶，为了加强建筑物的壮观，运用了"重檐"的手法（图2-14）。

此外，屋顶还可以运用多种方式进行组合。故宫的角楼（图2-15）采用的是极为复杂的三重檐十字脊的歇山式屋顶。这种复杂性彰显了皇权的威严，"溥天之下，莫非王土；率土之滨，莫非王臣"的气势一览无余。

礼制是时代社会意识形态的反映，它维护和巩固社会秩序的稳定，是我国古建筑的灵魂。通过建筑彰显的礼制，是宗法等级制的支柱，也是封建社会的道德准则。

图 2-14　太和殿屋顶

图 2-15　故宫角楼

# 第二节　西方古建筑

## 一、中世纪建筑

中世纪建筑的代表当属拜占庭建筑中建造于君士坦丁堡（今伊斯坦布尔）的圣索菲亚大教堂（图 2-16）。它由查士丁尼皇帝下令建造，历时 5 年半建成。这座教堂迷人绚丽、美轮美奂。

圣索菲亚大教堂主体为长方形，其内部中央的正方形区域有 4 根庞大的角柱，角柱两两之间竖立起 4 个圆拱，圆拱上修建了一个巨大的穹顶。

图 2-16　伊斯坦布尔圣索菲亚大教堂

马赛克壁画金色的背景、光洁亮丽的壁画表面（图 2-17），在教堂上方透过大量天窗光线的照射下熠熠生辉。

图 2-17　圣索菲亚大教堂壁画

哥特式建筑 11 世纪下半叶起源于法国，很快在欧洲流行开来。哥特式教堂（图 2-18）通常运用空间、光线、线条、几何等形式元素创造超脱尘世的氛围，运用肋拱、尖拱、飞扶壁等结构元素来营造震撼的视觉印象。哥特式建筑通过拱肋将压力传递到承重柱体，这种框架结构将墙体从沉重的压力下解放出来，使建筑师可以随心所欲地在墙面开窗，于是彩色的玻璃花窗开始出现并流行。垂直的线条，高大的空间，从巨大的玻璃花窗透射进来的奇光异彩，与教堂内的烛火交相辉映，宗教的神秘与神圣气氛弥漫在雄伟的结构中。

图 2-18　德国科隆大教堂
（哥特式教堂）

## 二、文艺复兴及巴洛克建筑

"文艺复兴"，本意为再生或复活。13 ～ 14 世纪的欧洲产生了资本主义经济的萌芽，资产阶级悄然兴起。

建筑艺术风格发生变化，建筑中大量运用古代经典的建筑元素，古希腊、古罗马时期的经典柱式再度成为建筑的主要元素，半圆形的拱券、厚实的墙体、圆形的穹顶再度登上建筑史的舞台。然而这并不是文艺复兴的全部内容，建筑师们大胆创新，将古典元素与各地建筑风格巧妙融合，开创了富有蓬勃生机与活力的西方建筑新时代。

文艺复兴时期的建筑师们并不满足于对建筑理念与风格的创新，他们在建筑的装饰手法上也别具匠心。在壁面装饰上利用透视绘画扩大建筑的空间感，用浮雕来增强壁面的立体效果，追求装饰的繁复华丽。在他们手下，建筑、雕塑和绘画这三种造型艺术，达到了史无前例的完美融合。

位于梵蒂冈的圣彼得大教堂是文艺复兴时期最杰出的建筑代表（图 2-19）。这座教堂在老圣彼得大教堂的基础上重建而成，重建工作历时 120 年，其设计与施工凝聚了十多位文艺复兴时期建筑师与艺术家的心血，伯拉孟特、拉斐尔、米开朗基罗等大师都投身其中。

图 2-19　圣彼得大教堂

　　圣彼得大教堂的建筑风格具有明显的古典主义形式，十字结构正中覆盖着带有柱廊的罗马式大穹顶，教堂正面的壁柱采用希腊科林斯柱式。壁柱上方的横向过梁在整个建筑立面结构中十分突出，代表人与众神平等的文艺复兴思想。教堂内部呈十字架布局，交叉点是教堂的中心，此处地下是基督的使徒圣彼得的陵墓，地上是教皇的祭坛，祭坛之上是金碧辉煌的青铜华盖，华盖之上是米开朗基罗为教堂修建的巨大穹顶。当光线透过穹顶照射到祭坛，为幽暗的室内增添神秘的色彩，仿佛指引信徒们步入天堂。

　　圣彼得大教堂的装饰华美绚丽，布满了文艺复兴时期的艺术珍品，整座教堂俨然是一座精美的艺术博物馆。其中三件作品最为出众，一是米开朗基罗 24 岁时的雕塑作品《圣母哀痛》，二是贝尼尼雕制的"青铜华盖"（图 2-20），三是贝尼尼设计的镀金圣彼得宝座。建筑、雕塑与壁画，在这座教堂中共同营造出一副天国极乐世界的美好景象，供人们瞻仰，心向往之。实际上，贝尼尼通过赋予古典主义戏剧性的变化，从艺术作品到后来对圣彼得大教堂前方广场的处理，将西方建筑带入了辉煌的巴洛克时代。

图 2-20　青铜华盖（贝尼尼作品）

　　文艺复兴之后的教皇为了吸引更多人到教堂来，鼓励各个教区建立形式新奇的教堂。巴洛克建筑风格在罗马诞生，迅速席卷欧洲。巴洛克风格追求奢华，炫耀财富，富于激情，寻求新奇，强调运动与变化，重视建筑、雕塑和绘画的结合。

　　1656 年，贝尼尼设计了圣彼得大教堂广场巨大的椭圆形柱廊，与梯形空间联系在一起，组成了一把"钥匙"，指引人们打开通往天堂的大门。椭圆形的广场偏离了圆形的正统，却动感十足、生机勃勃，同时暗合宇宙星体轨道的形状，体现出天文学对当时人们宇宙观的深刻影响。柱廊选用了 300 根古典主义的柱式，柱廊入口上方采用古典神庙的三角门楣，体现了贝尼尼的朴素、冷静与克制。广场整个布局宏大壮观，富有动感，光影效果强烈。它与米开朗基罗设计的圣彼得大教堂穹顶彼此呼应，气势磅礴，构成罗马城最壮丽的景观（图2-21）。

图2-21　圣彼得大教堂广场

# 第三节　近现代建筑

18世纪末，工业革命在英国兴起，随后迅速席卷欧洲，西方首先步入工业化社会。新材料、新技术、新文明将建筑带入百花齐放的新世界。这是技术与艺术快速发展的时代，也是新旧思潮大冲撞的时代，众多的建筑学派争先恐后地用自己的方式诠释工业时代的精神。以直线和几何形状作为建筑设计的主要形式，摆脱装饰主义而转向功能主义，成为建筑师们共同掌握的时代语言。

钢铁首先与建筑完美结合，展现了工业时代的建筑之美。为迎接1889年的巴黎世界博览会，法国人用钢筋建造起了著名的埃菲尔铁塔（图2-22）。埃菲尔铁塔高达328m。铁塔采用交错式结构，塔身由4条铁柱支撑，成抛物线状直指蓝天。底部采用了4组钢筋拱脚搭配大跨度拱券支撑，用混凝土对4个拱脚进行加固。塔身依靠1.5万个金属体预制件焊接而成，整座铁塔显得庄重而优雅。这座地标建筑显示了工业生产的巨大威力，宣示钢铁时代的到来。

其后各种新的建筑流派纷至沓来，有拒绝机器的工艺美术运动，有自

图 2-22　埃菲尔铁塔

然简洁的新艺术运动，有崇尚直线的格拉斯哥学派，有摒弃装饰的维也纳分离派，有抽象的荷兰风格派，有造型奇特的表现主义，有追求空间结构的构成主义。在芝加哥学派倡导的高层建筑逐渐成为主流之后，真正意义上的现代主义建筑应运而生。

　　第二次世界大战结束后，现代主义建筑的中心从欧洲转移到了美国，很快在世界范围内成为一种标准与范式。现代主义建筑的设计理念，是强调建筑的功能作用，造型追求简单明确，通常以长方体的外形和通体的玻璃幕墙作为主要特征，表现工业化生产的精密性。一时间，这种具有高度一致性的建筑在世界范围内大量涌现。现代主义建筑身上看不到任何来自文化、地域、历史的差异，因此被称为"国际式建筑"。纽约的联合国总部大厦（图 2-23），是第二次世界大战后国际式建筑的代表作。它具有典型的特征：平屋顶、光

图 2-23　联合国总部大厦

洁的玻璃幕墙、宽大的窗户、几何形构图、钢筋混凝土结构。

贝聿铭是世界著名的美籍华裔建筑师，他的创作思想根植于现代主义建筑，但又有自己独到的见解，其作品富有鲜明的个性。他的设计注重抽象的象征，建筑材料多选用石材、钢筋混凝土和玻璃，其作品遍布全世界，其中以法国巴黎卢浮宫的扩建工程最为著名。这个工程最棘手的问题，是如何处理新增建筑与卢浮宫这座举世闻名的文化圣殿的关系。为了不受狭窄场地的制约，避免新旧建筑矛盾冲突，贝聿铭将扩建部分放置在卢浮宫地下。扩建部分的入口位于庭院中央，上方笼罩一座钢框架与玻璃组成的金字塔，外形简单，墙体透明，整座建筑显得纯净优雅。金字塔现代的结构，古典的造型，与卢浮宫古典的立面交相辉映，实现了现代与传统的和谐统一，不但完满地协调了各种矛盾，而且成为巴黎的新地标之一（图2-24）。

图2-24　巴黎卢浮宫

贝聿铭最后的作品是为苏州设计的一座博物馆。苏州望族之后的贝聿铭对苏州文化有着特殊的感情。在设计苏州博物馆时，他大胆追求传统文化的新表达，提出"苏而新，中而新"的理念。苏州博物馆（图2-25）保留了苏式建筑的斜坡屋顶特征，但结构采用了现代的钢筋混凝土框架，勾勒出简洁大方的几何线条，增强空间的立体感。建筑材质上，苏州博物馆也是别具一格，摒弃了限制建筑结构的传统苏州砖瓦，大胆选用一种名叫中国黑的花岗石，这种花岗石质地坚硬，颜色灰中带黑，日照之下为灰色，淋雨后呈现黑色，在突破传统建筑材料的同时保留了苏州园林的意境韵味。博物馆的庭院设计，采用了片石假山的方式，以白墙为纸，片石作画，描绘出中国古代写意山水，既保留了山水画的意境，又突破了苏州园林的叠山手法。但无论做怎样的创新尝试，整个博物馆始终遵循着"不高不大不突出"的和谐原则，这正是苏式建筑的风韵。贝聿铭认为，建筑不应该拘泥于风格之争，而是应该根据表达自由进行设计，正是这种思想开创了后现代主义的建筑篇章。

图 2-25　苏州博物馆

后现代时期大约从 20 世纪 70 年代至今，这时期的建筑呈现多元化的发展趋势。虽然它的思想和表现形式五花八门，形形色色，但还是具有明显的时代特征：后现代主义主张复杂，强调建筑对人的心理影响，追求多样化和自由化，致力于将建筑表现为"思想的容器，人类生活的精神家园"等。此外这一时期的建筑还活跃着不少标新立异的流派，它们对现代主义建筑依赖的结构原则和美学观点同样发起了强有力的冲击，可笼统地称为"后现代建筑"。

# 第四节　建筑蕴含的文化价值

回顾人类建筑的发展历程，它是随着人类文明的前进不断更迭的。从古典建筑的地域性到现代建筑的统一性，再演变成后现代建筑的多样性，每次大的变革都伴随着人类文明的跨越式前进。可以说，建筑的美学带有明显的时代性、地域性、民族性、社会性、文化性等特征，这些特征使得建筑成为人类文明的载体，在漫长的时光中传递着人们的价值观念。

## 一、中西建筑差异的文化性

在工业革命以前，中西方建筑的差异根源于文明的地域性。从建筑主体来看，这种差异体现在以下三个方面：

第一，建筑材质。我国建筑多采用木质结构，西方建筑多采用砖石结构。

第二，建筑布局。我国建筑多为水平方向的建筑群落，西方建筑则追求单体建筑的立面高度。

第三，建筑成就。我国建筑中艺术成就最高的多为宫殿和陵墓，西方建筑的杰出成就多集中于神庙和教堂。

这种巨大的差异性既有客观条件的制约，也有主观意愿的选择。

## 二、近现代建筑的时代性

工业革命以来，随着人类科技的飞速发展，沟通的便利使得全球文化趋同性增强，最终发展成以金属框架、玻璃幕墙为主要标志的国际式建筑，标志工业文明在建筑领域的全面胜利。国际式建筑的兴起主要由于当时建筑业的大量需求，迫使建筑职业的工作方式发生了改变，在设计的过程中为了减少大量时间消耗以适应建筑工业化的需求，建筑的设计逐渐走向了类型标准化。

## 三、建筑是审美价值观的文化表达

在人类历史发展的长河中，建筑自始至终是文化的载体，使得人类文明薪火相传。人作为建筑文化的主体，继承、传播和创造建筑中的文化表达。通过建筑本身，人类的物质文化、制度文化、精神文化、符号文化等显示出丰富多彩的历史性、民族性、地域性等特征。随着时代不断前进，新的科学技术工程手段为建筑注入源源不断的生机与活力。

 思考题

1. 中西方建筑差异源自文化差异，请谈谈你所了解的中西方文化在日常生活中所表现出的不同之处。

2. 我们通过旅游或者电视媒体、网络媒体会了解一些我国的传统建筑，大体上包含宫殿、坛庙、寺观、佛塔、民居和园林建筑等。请结合一座或一类建筑谈谈你的感受。

3. 请结合你所在城市的特色建筑，谈谈该建筑蕴含的文化意义。

4. 在我国城市当代公共建筑中，近些年来出现了许多关于中国传统文化的审美表达，请列举三座蕴含中国传统文化审美的公共建筑。

5. 请谈谈我国在园林建筑中遵循哪些美学原则，这些原则体现了我国何种文化思想。

## 第三章

# 机械工程与文化

工程文化的研究深层关注科学精神与人文精神的统一，关注人类的工程和实践创造活动对人类社会的生存环境和可持续发展所带来的深远影响。机械工程与文化所体现的正是人类在复杂的工程活动中所展现和创造的成就，以及所包含的人本主义价值观念。机械工程的发展史也是人类在发展中不断积累与提升，不断完善与超越，不断探索与开拓的历史。

本章以机械与人类社会生产和发展为主线，介绍机械工程在不同时期对人类社会的影响；通过讲述机械工程所取得的成就和我国机械制造业遇到的具体问题，阐释了机械工程的工匠精神所带来的深远影响；为工程师如何履行职业责任，面对公众的安全、健康等众多的社会问题提出一些建议。

## 第一节　机械与人类社会发展

### 一、机械的概念

古罗马时期用"机械"一词来与简单手工工具加以区别，定义为"精巧的设计"。在汉语中，"机械"由"机"和"械"两个字组成。其中，"机"在古代是指某类特定的装置，后来也泛指常见的一般机械。东汉时期的《说文解字》对"机"的阐释为"机，主发者也"。"机"的本义也指机械系统中的传动部件。"械"指代的是器具或器械。

我国机械发展的历史十分悠久。明朝宋应星编著的《天工开物》，记录了许多先进的工艺技术和科技创新成果，还涉及机械制造方法和机械产品性能比较详细的介绍，包括泥型铸釜、失蜡法铸造以及铸钱等铸造技术，千钧锚和软硬绣花针的制造方法，提花机等纺织机械（图 3-1）和车辆、船舶的性能和规格等。《天工开物》得到了世界的广泛认可，被称为 17 世纪记录中国技术的百科全书。

图 3-1 纺织机械

## 二、机械工程发展历史

机械工程的发展史要从大约 200 万年前说起。当时，人类的生存环境突然变化，迫使原本在树上生活的古猿人不得不到陆地上寻找食物，为了在和野兽的对抗中取得胜利，古猿人学会了使用木棍和石块等他们身边的天然工具来保护自己，并且渐渐也学会了使用这些工具去获取食物和捕获猎物。

到了大约 50 万年前，古猿人学会了制造和使用简单的石制和木制工具（图 3-2），工具的形状趋于合理。石块被打磨得更加锋利，可以用来切割；削尖的木棍可以用来刺杀猎物，弓箭就是在这样的过程中被发明出来的；人们在日常劳动中，偶然地发现了火，并学会和掌握了钻木取火技术。

图 3-2 石块工具

人类掌握了冶炼铸造金属材料的技术后，金属器具慢慢取代了原有的木质、石制和骨制器具。青铜是金属冶铸史上最早的合金。在商代，青铜材质的器械得到了较为广泛的使用。商代中期，分铸法等先进技术得到广泛应用。西周时期以后，青铜冶铸技术更是盛极一时。青铜器具的出现代表了一种全新的机械工艺技术和制造方法的诞生，青铜冶炼铸造技术经历了一个由低级到高级逐渐成熟的发展历程。

在动力机械方面，人类除了使用畜力、利用风力外，还发明了许多水力机械。筒车（图3-3），将水流作为一种源动力，使取水灌田实现"自动化"。

图3-3　筒车

机械技术的发展不仅促进了农业的进步，也推动了手工业和商业的兴盛，对军事武器的发展也发挥着重要作用。诸葛弩又被称作元戎弩，一次能射出十支箭。然而，由于其体积和重量都太大，战争中主要用于防守而非进攻。后来，汉末的大发明家马钧对诸葛弩进行了改进，使其成为一种五十矢连发弩，威力更加强大。直到18世纪，瓦特改良了蒸汽机，才使得蒸汽机被广泛应用于生产。蒸汽机车（图3-4）和铁路的普及促进了西方工业和生产力的发展，促进了西方机械文明的发展，进一步奠定了现代工业技术和工业文明的基础。

内燃机（图3-5）虽然比蒸汽机体积小，但能量转换效率很高，也因此逐步取代了蒸汽机。随着石油能源的开采与使用，汽油和柴油这两种能源逐渐引起了人们的注意，与煤气相比它们更易于运输和携带。1883年，德国的戴姆勒和迈巴赫研制成功了第一台汽油发动机，汽油发动机最大的特点是重量轻、转速高。在同一时期，其他内燃机转速都不超过200r/min，而戴姆勒他们研制的汽油机却超过了800r/min，这种汽油机非常适合交通运输机械的需要。此后，汽油机得到了广泛应用，被安装在各种汽车上，极大地推动了汽车工业的发展。

图3-4 蒸汽机车

图3-5 内燃机

亨利·福特于1903年创立了福特汽车公司，1908年福特推出了第一辆成品"T型车"。从面世到停产，T型车的总销量超过1500万辆。

机床又称工具机，其雏形可以追溯到15世纪。当时，为了满足钟表制造和武器生产的需要，有钟表匠使用的螺纹车床和齿轮加工机，也有水驱动的炮筒镗床。达·芬奇曾勾勒出镗床、车床、螺纹加工机和内圆磨床的概念图，草图中就有了飞轮、曲柄和轴承等机构。

18世纪的工业革命催生了各种机床的出现、改进和升级，促进了机床工业的发展。1774年，威尔金森发明了一种更精准的镗床。1775年，他用镗床加工的汽缸，满足了蒸汽机的需要。1797年，英国人莫兹利发明了一种丝杠驱动的车床，可以实现电动进给和螺纹车削。这些改进给机床结构带来了重大变化，莫兹利因此被誉为"英国机床工业之父"。

电机发明后，机床逐渐开始采用集中式电机驱动，然后广泛采用分离式电机驱动。20 世纪初，为了加工高精度的工件、夹具和螺纹工具，坐标镗床和螺纹磨床相继问世。同时，开发了各种仿形机床、自动机床、组合机床和自动化生产线，满足汽车、轴承行业批量生产的需要（图 3-6）。

图 3-6　自动生产线

图 3-7　生产车间

伴随着数控技术、数控机床和自动化生产线的出现，机床的发展开始进入自动化阶段。数控机床作为新型机床，利用电子计算机发出的数控指令，将加工程序、换刀要求和操作代码作为信息存储起来，并根据指令控制机床进行加工。数控机床的研究课题是帕森斯首次提出的。在麻省理工学院的帮助下，该项目于 1949 年研制成功，1951 年成功制造出第一台电子管数控机床样机，成功解决了多品种、小批量复杂零件的自动化加工问题。如今，数控机床已经越来越成熟，真正成为机械领域的"工作母机"。

目前，世界正进行着一场新的技术革新。微处理器在机械工程中的应用催生了机电一体化技术，将机械设备的功能、结构和制造技术提高到了一个更高的水平。智能化汽车生产线（图 3-7）采用该技术制造的机械产品简单、轻便、省力、高效，人工智能逐步实现。

人类从诞生之时就不断对机械进行探索，以使人类的生产生活更加便捷舒适。伴随着社会生产发展和科学技术探索的需求，机械工程在不断地发展，由粗到精、由简到繁、由低级到高级，机械工程的发展和技术的更新也促进了人类社会的进步和现代文明的建立。

# 第二节　简单机械与传动机构

机械是一种能够改变力的大小和方向的装置。利用机械，既可以减轻体力劳动，又能够提高工作效率。简单机械，是最基本的机械，是机械的重要组成部分，是人类在改造自然中运用机械工具的智慧结晶。各种简单机械伴随着我们的日常生活，比如杠杆、斜面、滑轮、螺旋等。传统机器都包含驱动装置、传动装置、执行装置三个部分。其中驱动装置常称为原动机，是机器的动力来源，以各种电动机的应用最为普遍；传动装置将原动机的运动和动力传递给执行装置，并实现运动速度和运动形式的转换；执行装置处于整个传动路线的终端，按照工艺要求完成确定的运动，是直接完成机器功能的部分。

## 一、简单机械

### 1. 杠杆

关于杠杆，阿基米德曾留下这样的豪言壮语："给我一个支点，我就能撬动整个地球"（图 3-8）。生活中，秤（图 3-9）是最为常见的一种应用杠杆原理的简单机械。关于秤的发明还有这样一个故事。相传，范蠡发现人们在市场交易中，总是用眼睛来估计，很难实现公平。因此，他想到要创造一种测量货物重量的工具。一次偶然的机会，范蠡恰巧看到一个农民从井里打水。这个农民打水的方法很巧妙：在井边竖起一根高高的木桩，他在木桩的顶端绑了一根横木；横木一端挂木桶，另一端绑了一个石头，木桶和石头一上一下，既省力又高效。

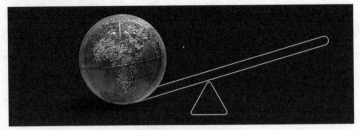

图 3-8　撬动地球

受此启发，范蠡赶紧回家模仿：他在一根又细又直的棍子上钻了一个小洞，在洞上绑了一根麻绳；细棍一端挂上吊盘，另一端系一颗鹅卵石；鹅卵石离绳子越远，能举起的货物就越多。一头要挂多少货物，另一头的鹅卵石要移动多远才能保持平衡，必须在细木上刻个记号。但是，用什么来标记它才好呢？范蠡琢磨了几个月，还是没能想出解决的办法。

图 3-9　秤

一天晚上，范蠡抬头仰望天空，看到天上的繁星，他突发奇想，决定用南斗六星、北斗七星在细棍上做标记，一颗星代表一两重，十三颗星代表一斤重。

此后，市场上便开始使用这种具有统一计量标准的工具——秤。然而，过了一段时间，他发现了一些无良商人在卖东西时缺斤少两。如何才能杜绝这些奸商的恶行呢？他想的办法是，把白木雕刻的黑星改成红木镶嵌的金星，在原来的十三颗星基础上再加上福星、禄星和寿星，改十六两为一斤。目的是告诫商人们：做人、做事都要光明正大，讲诚信，否则会失去福禄寿。

### 2. 斜面

斜面也是一种简单机械（图 3-10）。伽利略曾通过科学推理认为：假设所有的接触面都是光滑的，当一个小球从一定高度的斜坡上由静止状态滚下来，因为没有阻力，所以不会有能量损失，它仍然会到达另一侧斜面同样的高度；如果把斜坡角度变小，同样的情况也会出现；当斜面变成水平时，小球将始终保持原有的运动状态，永不停止地一直滚动下去。

图 3-10 斜面

1589 年到 1591 年之间，伽利略对物体的自由落体运动进行了深入的研究，并完成了比萨斜塔实验（图 3-11），否定了亚里士多德统治了 2000 年的落体运动理论（重物体比轻物体落得快）。他指出，如果忽略空气阻力，同一高度同时下落的不同重量的物体会同时坠落，物体的下落速度与自身重量无关。伽利略相信经验是知识的唯一来源，强调用实验的方式和数学计算等方法对自然规律开展研究。

图 3-11 比萨斜塔实验

荷兰人斯蒂文在 1586 年完成了两个不同重量的铅球的自由落体实验，证明亚里士多德的理论是错误的。在斯蒂文实验的几百年后，阿波罗 15 号宇航员大卫·斯科特于 1971 年 8 月 2 日在月球无空气表面重复了这一实验，完成了锤子和羽毛的自由落体运动，并让地球的电视观众看到两个物体同时落在月球表面。

## 二、传动机构

传动机构能够将动力从机器的一个部件传递到另一个部件，典型的传动机构有以下几种。

### 1. 带传动

带传动（图 3-12）是一种相对简单的机械传动机构，它利用皮带轮上张紧的柔性带进行运动或传递动力。根据传动原理的不同，可分为摩擦带传动和啮合带传动。摩擦带传动依靠带与带轮之间的摩擦，常见的有平带传动、V 带传动等。啮合带传动是通过将带的内凸齿与带轮外缘的凹槽啮合来实现的，比较常用的是同步带传动。

图 3-12　带传动

### 2. 链传动

链传动是将特殊齿形主动链轮的运动和动力通过链条传递给特殊齿形从动链轮的一种传动方式。链传动与带传动相比，具有无弹性滑动和打滑、平均传动比准确、运行可靠、效率高等优点；在相同工况下，过载能力强，传动功率大，所需张力小，传动尺寸小，作用在轴上的压力小；适用于高温、潮湿、粉尘、污染等恶劣环境。

自行车（图 3-13）即为典型的链传动机构。

图 3-13　自行车

### 3. 齿轮传动

齿轮传动（图 3-14）是指通过齿轮副传递运动和动力，它是现代设备中应用最广泛的机械传动方式。齿轮传动更准确、效率更高、工作可靠、结构紧凑、使用寿命长。在机械钟表（图 3-15）中就有很多组这样的齿轮传动机构。

图 3-14　齿轮传动

图 3-15　机械钟表

例如，百达翡丽在 2014 年发布的 175 周年纪念腕表，是一款以声音为主题，将各种报时功能做到极致的超级复杂腕表。这款腕表研发历时 7 年，总零件数达到了 1580 枚，内部有很多组齿轮传动系统。

## 第三节　机械零件与制造方法

### 一、零件的概念

零件是机械中不可分拆的单个制件，是机器的基本组成单元，也是机械制造过程中的基本元素。手机大约由 200 个零件组成，手表大约由 500 个零件组成，汽车大约由 3 万个零件组成（图 3-16），波音 747 飞机大约由 600 万个零件组成。很多产品都是由非常多的零件组成的，需要按照一定的顺序把它们安装在一起，才能让它们发挥出自身的功能。

图 3-16　汽车的组成

螺丝钉（图 3-17）是一种典型的通用零件。螺丝钉利用物体斜面圆周转动和摩擦的物理和数学原理，一步一步地紧固物体。

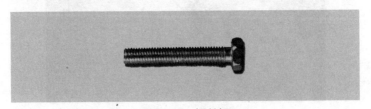

图 3-17　螺丝钉

轴承（图3-18）也是一种通用零件，它是现代机械设备不可或缺的重要组成部分，起到支撑机械旋转体的作用，能够有效降低旋转机械在运动过程中的摩擦，保证和提高其旋转的精度。

图 3-18 轴承

我国的轴承工业发展势头良好，轴承品种众多，产品质量和技术水平不断提升，行业规模越来越大，已经形成了产品门类齐全、生产布局更为合理的专业生产体系，也成形了几家轴承生产的支柱企业，它们是：哈尔滨轴承集团、瓦房店轴承集团、洛阳轴承集团，行业里通常把它们简称为哈瓦洛轴承。其中，哈尔滨轴承集团建立健全了科学的规范化的质量管理体系，已通过 ISO9001：2000 质量体系认证，使质量管理体系与国际标准接轨，曾经荣获"中国名牌"称号。新研制了铁路提速客车轴承，被铁道部确定为轴承指定生产企业。哈尔滨轴承集团研制的轴承多达 2000 种规格，特别是为神舟载人飞船和长征系列运载火箭定制生产几十种配套轴承，有力支撑了国家的航天科技发展。

## 二、零件的制造

获得产品尺寸、形状和位置的方法和程序统称为零件的制造。根据工件在加工过程中的质量变化情况，可分为恒量法、增量法和减量法。3D 打印技术是增量法的典型代表。它以数字模型文件为依据，利用金属粉末或塑料等可黏合材料，通过逐层堆叠的方式来构造物体。

随着 3D 打印材料的多元化发展和打印技术的创新，3D 打印不仅在传统制造业显示出非凡的发展潜力，而且将其魅力延伸到食品制造、服装奢侈品、影视传媒、教育、建筑（图3-19）和其他与人们生活有关的领域。

图 3-19 3D 打印建筑

零件的加工方法是用不同的机械加工零件的过程。主要加工方法有钻、车、铣等，在这些加工过程中，会用到很多机械工具。

锉刀表面有许多细密的齿条，用于锉削加工。可用它对金属、木材、皮革等表面进行微加工。这样看似简单的工具在有些人手里就成了马良的神笔，有的人用它打造了一个又一个神话。

胡双钱是中国商飞上海飞机制造有限公司高级技术员、数控加工车间钳工组组长，胡师傅说："零部件制造是飞行安全最基本的保障。不能有半点错误，99.99% 和 100% 是完全不同的，这是生与死的区别，不允许有疏忽。"胡双钱工作 37 年，加工了几十万个飞机零件，从未生产过一个有缺陷的零件。胡双钱从小就有飞行的梦想，他给自己定下了一个目标："做一名航空技术员，造一架世界一流的飞机"。他做到了，从运 -10 到 ARJ21，再到 C919（图 3-20），他手工制作的零件实现了 100% 合格。

图 3-20　C919

从胡双钱的身上，可以看到大国工匠们严谨的工作态度。C919 飞机的零部件中，最大的近 5m，最小的比回形针小，精度要求在十分之一毫米以内，这对工人的技术要求很高。胡双钱苦练本领。他经常连续五六天把自己关在数控加工车间里，钻孔、打磨、抛光，用废料练习手感，熟悉各种工具和设备。他还发明了"逆向验证法""比较评审法"等工作方法，并将其总结成书在车间推广。30 多年来，他用实际行动诠释了一个技术工人对工作的深切热爱，用卓越的工作态度书写了一个零差错的传奇。

工匠的精神就是工匠的良心所在，是用心生产每一件产品。像胡双钱这样的大国工匠不计其数。正是他们的严谨、专注、耐心、坚持，以及对梦想的执着，使我国制造业屹立于世界。

# 第四节　机械工程的应用

　　机械工程是以自然科学和技术科学为理论基础，结合生产实际中技术经验而产生的应用型学科。世界上最早建立的机械工程学术团体是英国机械工程师学会，第一任主席是铁路机车发明家乔治·史蒂芬生，它的建立标志着机械工程已确立为一个独立的学科，机械工程师被世人所尊敬。在此之前，从事机械制造、使用和修理的人被称为机器匠，社会地位不高。

　　20世纪初期，福特在汽车制造中创造了流水装配线，大量生产技术结合泰勒19世纪末创立的工业科学管理方法，使汽车和其他大批量生产的机械产品生产效率到达了过去无法想象的高度。

　　机械工程的研究领域非常广泛，涉及机械本身，如发动机、工作机械、机床、机器人和自动装置等，还包括各类车辆、交通技术、公共设施、生产技术、核技术，以及精密生产和仪器技术等。

　　机械工程的多样性使其可应用于多个领域，如印刷工程、车辆工程、食品工程、航空航天工程、材料加工工程等。

## 一、武器机械

　　AK-47（图3-21）是由苏联枪支设计师米哈伊尔·卡拉什尼科夫设计的一款突击步枪，动作可靠，坚固耐用，故障率低，射击性能好，结构简单。20世纪50年代以来，90%的战争都有它的参与，AK-47在1947年定型，1949年开始装备苏军，其设计思想也影响了以色列、芬兰、中国等国的步枪设计。AK系列还有很多仿制品，产量在3000万到1亿支之间，它是世界上累积产量最大的一款武器机械。

图3-21　AK-47

　　坦克（图3-22）是现代陆战的主要武器。它有直接火力、越野能力和装甲防护，主要用于对抗对手的坦克或其他装甲车辆。它还可以压制和摧毁反坦克武器，摧毁敌方工事，摧毁敌人的地面部队。坦克主要由瞄准系统、动力系统、武器系统、通信系统和装甲车体组成。

图 3-22　坦克

## 二、生产机械

机械工程为生产和生活各领域提供了所需的产品。哈尔滨的地铁 2 号线需要穿越松花江，为了完成这一巨大的工程，盾构机"松江 1 号"闪亮登场，盾构机掘进速度可以达到每分钟 30 ～ 40mm。

松花江干流段水深 3 ～ 6m。盾构机顶部与江底之间的最小距离为 14m，最大的距离为 22m。两条隧道之间的距离约为 16m。过江隧道（图 3-23）长约 1.9km，其中水下 1.2km。盾构机直径 6.48m，它采用高强度耐磨设计的刀盘，满足盾构机能在软土、砂层中开挖，并能在黏土层中开挖的要求。施工过程中无需更换刀具，降低运行风险，确保一次穿越成功。经过 199 天的掘进，2018 年 12 月 25 日，盾构机顺利抵达松花江南岸。至此，哈尔滨地铁 2 号线穿越松花江隧道段正式竣工。

图 3-23　过江隧道

　　巴格尔 288 挖掘机有 4 层楼高（图 3-24），一天能挖掘 10 万 t 煤，这个巨大的家伙重量达到了 4.5 万 t。巴格尔 288 最大的特点是它的巨大的旋转轮，这个转轮直径 12m，每小时可挖掘 4500t 煤。由于体型巨大、重量过重，巴格尔 288 移动十分困难，每小时仅能前进 500m。

图 3-24　挖掘机

## 三、航空机械

　　2019 年 1 月 3 日，我国的嫦娥四号完成人类首次月球背面着陆。2020 年 12 月 17 日，嫦娥五号携带月球样品成功返回地球，圆满完成此次飞行任务。嫦娥五号的主要工作是收集月球探测区域的尘埃和碎片并送回地球，以便分析月球的形成和演化历史。这一任务的成功实施，是我国航天事业发展的里程碑，标志着我国具备了往返于地月之间的能力，实现了"绕、落、回"三步走的完美收尾，为下一阶段行星探测奠定坚实的基础（图 3-25）。

图 3-25　航空机械

各个领域的发展都需要机械。机械工程一向以加快生产、提高劳动生产率、提高生产的经济性，即以提高人类的近期利益为目标来研制和发展新的机械产品。在未来的时代，新产品的研制将以降低资源消耗，发展洁净的再生能源，治理、减轻以至消除环境污染作为超越经济的目标任务。

人类智慧的增长并不减少双手的作用，相反地却要求手做更多、更精巧、更复杂的工作，从而更促进手的功能。手的实践反过来又促进人脑的智慧。在人类的整个进化过程中，以及在每个人的成长过程中，脑与手是互相促进和平行进化的。人工智能与机械工程之间的关系近似于脑与手之间的关系。其区别仅在于人工智能的硬件还需要利用机械制造出来。过去，各种机械离不开人的操作和控制，其反应速度和操作精度受到进化很慢的人脑和神经系统的限制。人工智能消除了这个限制，机械工程可以充分利用这个新出现的巨大可能性。计算机科学与机械工程之间的互相促进、平行前进，将使机械工程在更高的层次上开始新的一轮大发展。

# 第五节　机械制造业

机械制造业是指从事生产各种动力机械、运输机械、农业机械、矿山机械、化工机械、纺织机械、机床、仪器仪表等机械设备的行业。国民经济所需的技术装备几乎全部来自于机械制造业。机械制造业的发展水平是衡量一个国家工业化水平的主要标志，也是一个国家重要的支柱型产业。

## 一、我国制造业现状

我国的机械制造业与国外制造强国的机械制造业相比，最明显的差距在于核心发动机的制造能力。发动机的生产是机械制造业的核心，我国汽车制造业虽然发展迅速，但长期以来无法自主生产发动机，已成为制约汽车制造业发展的重要因素。

## 二、中国制造 2025

"中国制造 2025"要通过"三步走"实现制造强国战略目标。

第一步：力争在十年内成为制造业强国。

到 2020 年，基本实现工业化，制造业大国地位进一步巩固，制造业信息化水平大幅提高。通过掌握一批关键领域的核心技术，自主优势领域的竞争力逐步增强，产品质量大幅提升。制造业数字化、网络化、智能化建设取得重大突破。重点工业单位工业增加值物耗、能耗和污染物排放明显下降。到 2025 年，制造业整体水平大幅提升，创新能力显著增强，劳动生产率显著提高，工业化和信息化融合迈上新台阶。培育一批具有较强国际竞争力的大型跨国公司和核心产业集群，其在全球产业分工和价值链中的地位显著提高。

第二步：到 2035 年，中国制造业整体达到世界制造强国阵营的中等水平。创新能力显著提升，在重点领域的发展取得突破，综合竞争力显著增强。优势产业形成了全球创新的主导能力，工业化全面实现。

第三步：到 2050 年左右，制造业大国地位进一步加强，中国的综合实力位于世界制造业强国前列。在主要领域，制造业的创新引领能力和竞争优势更加显著，完成全球领先的产业体系和技术体系构建。

《中国制造 2025》作为中国实现制造强国战略目标的首个行动纲领，涵盖了高端数控装备及机器人、航空航天技术、轨道交通、新一代信息技术、海洋装备及船舶、生物医药、新材料、农业机械、新能源汽车、动力装备和装备等高新技术产业和先进制造业核心领域（图 3-26）。

图 3-26　核心技术领域

## 三、智能制造

数字化工厂以产品生命周期数据为研究对象，在虚拟环境中对整个生产过程进行模拟、优化和评估，并能够进一步扩展到产品生命周期的生产和组织模式应用。数字化工厂解决了产品设计与产品制造的衔接，实现了产品设计、制造、装配、物流的全生命周期管理，减少了从设计到生产制造的不确定因素，在虚拟环境中对生产制造过程进行压缩和提升，并能对其进行评价和测试，缩短了从设计到生产的流程响应时间，有效提高了生产效率。

智慧工厂，已经成为现代工厂信息化发展的新阶段。在数字化工厂的基础上，采用监控技术和物联网技术，加强信息管理与服务；明确掌握产销过程，提高生产过程的可控性，减少人对生产线的干预，及时准确地收集生产数据，安排合理的生产计划和生产进度，将绿色智能手段和智能系统与其他新兴技术相结合，建设绿色、高效、环保、舒适、节能的人性化工厂。

海尔冰箱智能互联工厂（图 3-27）是全球家电行业第一家智能互联工厂，因此被誉为家电行业的宝马工厂。2012 年起，公司筹划建设互联网工厂，探索智能制造之路，已成功搭建起中国原创、全球领先的工业互联网平台，其智能制造实践已开展多年。近年来，借助早期交互平台，互联网工厂实现了与终端用户需求的无缝衔接，通过开放式平台整合全球资源，快速响应用户的个性化需要，完成大规模定制需求。

通过全过程优化设计，将一些生产环节的人员从传统工厂的 40 人优化到 2 人；全过程的完成时间从 25s 缩短到 12s；换模时间从 30min 一个，缩短到 5min 可以换 5 个模具。通过模块化生产布局，海尔冰箱沈阳工厂使单线产能和单位面积产量翻了一番，物流配送距离比传统工厂缩短了 43%。20 天即可定制专属的海尔个性冰箱。

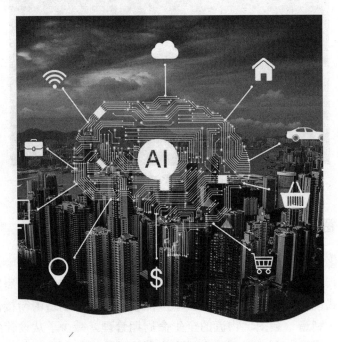

图 3-27　智能化生产

在推进工业化的实践探索过程中，我国培育了"两弹一星"、载人航天等典型工业文化，形成了中国特色工业精神。中国特色的工业精神具有无私奉献、自力更生、艰苦奋斗、爱国的高尚特质，在实践中也涌现出一大批优秀企业，展示了产业文化的力量，留下许多承载产业文化的物质和精神财富，为产业发展提供了永不枯竭的精神力量。只有把战略实力、政策引导、路径导向、政策支持融入制造业强国"三步走"战略实践，才能实现《中国制造 2025》规划的宏伟蓝图。

# 第六节 工程伦理与工匠精神

进入 20 世纪后，由于人工合成技术的发展，人们成功地生产出自然界所没有的新物质。20 世纪末，人们开始大量生产和使用这些物质。这些新合成物质的迅速扩散开始对我们的人体产生严重影响。有人担心，如果这种发展继续下去，人类的生存会面临危机吗？人类拥有地球上其他生物所没有的语言，使用工具，学习文化，建立自己的文明。到目前为止，各种技术被发明出来，技术人员发挥了极其重要的作用。

## 一、工程伦理

工程是人类进行创造的活动。工程活动将原有事物从一种状态转换到另一种状态，从而创造出新的事物。伦理学关注人类行为和价值的道德领域，它回答了一个人应该如何生活或如何行动的问题。

很多人一直以为工匠就是机械的重复操作者，然而，"工匠"的含义是十分深远的。"工匠"代表着一个时代的特质，体现了一种坚定、踏实和卓越的品质。无论是在西方还是东方，早在古代，工匠们的行为就已经开始受到法律和伦理的约束。例如，在古巴比伦法典中，对造成房屋倒塌事故的工匠有严厉惩罚的条款；我国的工匠们也把道德良知作为发挥技艺的基础。

质量问题。造成工程质量问题的原因是复杂的，也是多方面的。在工程的各个环节中，不同组织的人员参与其中，承担着不同的责任。尽管工程师没有项目的决策权，但他们直接参与项目活动，并使用所掌握的专业知识，他们对具体情况了解得更多，应该有更多的话语权，并承担更多的道德责任。

安全问题（图 3-28）。安全与风险密切相关。原则上，风险并不能完全

图 3-28　安全问题

消除。在工程活动中，需要评估风险并确定风险在什么状态是可以接受的。由于很难考虑所有因素并准确预测，因此这种评估是不准确的。

诚信问题。诚信是保证社会交往和正常生活运转的先决条件。诚信是工程师的基本行为准则，也是工程师必须具备的基本道德品质。工程伦理为什么将诚信作为最基本的要求呢？首先，工程活动是有意识地运用客观规律和能量、物质、信息来改造客观世界的过程。严谨求实的态度是其内在要求，尤其是工程活动可能影响着千千万万的人。

利益冲突。工程活动是由社会中各种力量推动的。工程师在社会活动中扮演的角色和承担的责任各不相同，他们往往更容易处于利益冲突的漩涡之中。如何去面对复杂的利益冲突，尤其是经济利益的冲突，工程师必须不断接受道德和良心的检验。工程师需要具有"双重忠诚"，他们对社会道德和职业道德的忠诚应该高于对雇主利益的依赖。工程伦理提倡的正是这样一种"批判忠诚"。当发生利益冲突时，工程师应以建设性和合作的方式来解决问题。但是，工程师在面对重要的原则性问题时，如违法、直接损害公共利益或严重破坏环境的情况发生时，更应坚持自己的观点。

机械工程技术既通过促进经济和社会发展造福人类，也产生了一定的负面影响，危害社会和谐发展。工业废气给环境造成大量污染、消耗了大量的能源。武器装备越来越先进，但给人类带来的伤害和损失也越来越大。

## 二、工匠精神

很多企业的产品质量难以达标，这其中的原因虽然很多，但可以概括为一个方面，那就是缺乏严谨的工匠精神。工匠们专注于不断提升自己的产品，不断改进工艺，享受产品质量和技术升华的过程。他们更重视对细节的要求，追求极致和完美，坚持追求高品质的产品，这让世界受益良久。

工匠精神（图 3-29）是丈量社会文明进步的脚步，也是"中国制造"的精神源泉、企业竞争发展的资本、个人成长的道德导向。追求卓越、致力创造、精益求精、用户至上都是"工匠精神"的具体体现和现实依据。当今社会中，存在着过于浮躁的风气，追求短、平、快的眼前利益，忽视了产品的质量灵魂。

图 3-29　工匠精神

从大国工匠们的身上，我们深深体会到奉献是"工匠精神"的源泉。我们以持续改进的心，去践行"工匠精神"，将每一件普通的工作努力打造成精品。用最简单的行动，诠释奉献的本质。坚守住一颗精益求精的"匠心"，无论对待工作还是对待自己都是一份难能可贵的尊重。因此，"工匠精神"作为一种优秀的职业道德文化，即是抚平浮躁心态的"镇静剂"，也是企业成功的重要法宝，更是支撑我国从制造业大国走向制造业强国的根本所在。"工匠精神"的继承、发展和弘扬符合这一时代发展的需求，更加具有重要的时代价值和现实意义。

 **思考题**

1. 机械工程的发展对人类社会的影响有哪些？

2. 蒸汽机雏形的发明人是谁？汽转球的工作原理是什么？

3. 工匠精神的具体体现包括哪些方面？

4. 结合本专业，谈一谈工匠精神是如何体现的？

## 第四章

# 材料工程与文化

有了材料的支撑，人类才开始不断进步，才开始为自己的各种想象插上可能的翅膀。人类也不断赋予材料以文明的烙印：古埃及人用精美的黄金饰品展现对太阳的崇拜，中国人用瓷器彰显炎黄子孙的文明。

## 第一节　材料与人类文明

### 一、材料的概念

材料与我们的生活息息相关，广义的材料包罗万象，柴米油盐酱醋茶都可以称为材料。材料科学研究材料的组织结构、制备工艺、性能和应用，是集物理、冶金、化学、力学等多个领域为一体的交叉学科，是一门应用科学。

### 二、材料的分类

材料除了普遍性外，还具有多样性。人们对材料分类的出发点不同，分类方法也不同，直至今日也没有一个统一的标准。常见的分类方法可见图 4-1，比如混凝土，如果按化学组成特点分类，属于无机非金属材料，按应用角度分类，则属于建筑材料。

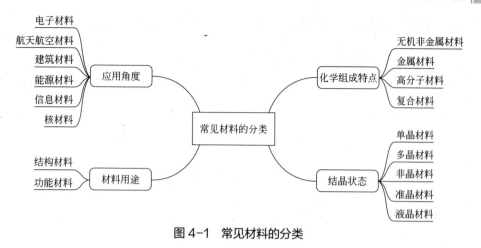

图 4-1 常见材料的分类

## 三、材料是人类进步的阶梯

材料与能源、信息并称为现代文明的三大支柱。由此可见，人类发展过程中，材料扮演着极其重要的角色。可以说，材料是人类发展进步的阶梯，是发展其他学科的先决条件之一，是我们生产生活中非它不可的物质基础。

材料的使用和发展与所处时期社会的生产技术水平密切相关，有些具有代表性的材料，甚至被历史学家作为历史分期的标志（图 4-2）。

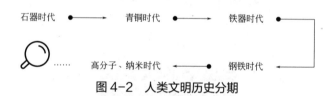

图 4-2 人类文明历史分期

早期人类主要使用类似石头的天然材料进行生产劳作，这段时期被统称为石器时代；火的使用加速了人类文明进程，一次偶然的机会，人类在火焰灰中还原了亮闪闪的金属铜，至此开启了另一扇神奇的大门，开创了冶金技术，生产出各种青铜兵器、炊具、农具等，逐步迈入青铜时代；公元前 1200 年左右，人类利用工具进一步提升了炉温，使铁矿石有了新的用武之地，铁器逐渐代替了铜器，从而进入铁器时代；19 世纪进行的产业革命，促进了人类获取能源的能力，推动了钢铁等有色金属材料的发展，人类正式进入钢铁时代，揭开了现代文明的序幕……

材料为各项技术提供物质支撑，技术的升级与发展又反哺材料，使得人类迭代材料的脚步越来越快。近现代材料科学家们不断在各类金属材料、无机非金属材料和高分子材料之间反复实验，使新材料更加多元化，以便更好地适应新环境。酚醛树脂、氧化铝、氮化硅、尼龙、高温合金纷至沓来，镁合金、钛合金、碳纤维、石墨烯不甘落后，材料大家族繁盛不衰，也为未来各类"科幻魔法"的实现，提供了更多可能。

纵观人类文明的发展，其实人类文明的发展史，就是一部不断利用材料、制造材料和创造新材料的历史。

# 第二节　素肌玉骨的陶瓷

西方人最早开始认识我国始于瓷器，至今中国与瓷器仍拥有共同的英文名字——China。陶瓷作为一种"世界语言"，在时间的维度上联系着远古和现在，在空间的维度上沟通了不同民族、不同国度的人们的共同审美心理和共同情趣。接下来让我们追寻先人的足迹，再次掀开尘封的历史，寻找这些曾被黄土掩埋的过往。

## 一、陶器

恩格斯（图4-3）曾说：人类从低级阶段向文明阶段的发展是从学会制陶开始的。公元前一万年左右出现的陶，是人类有意识去创造的第一种无机非金属材料，是人类材料创新史上从0到1的突破。从此人类依靠智慧和勤劳的双手，进入了自主创造材料的新时代。

图4-3　恩格斯

### 1. 欹器

20世纪50年代，在半坡、马家窑等遗址出土了一种造型奇特的尖底陶瓶，称为欹器（图4-4）。欹器起初是汲水的工具，后由其"虚则欹，中则

图4-4　欹器

正，满则覆"的特性，被许多名人将士置于座位右侧以示激励，这也是最早座右铭的由来。

　　孔子当时所见到的欹器是什么样子，现已不得而知，但仰韶文化的欹器多出土于墓葬且体型巨大，完全不能用于汲水，这表明早在6000多年前，这种器物可能已经在很大程度上脱离实用功能。由此可见，在那个时期我国古人对生活的理解，可谓细致入微，陶工匠不仅巧妙运用了重力原理解决了取水问题，智者更将其分析后赋予了中庸的观念，上升为抽象的人生感悟，对于古代中国乃至现在，精神领域的影响可谓无所不在，这是何等高明的科学智慧和理性精神的融合。

### 2. 秦始皇兵马俑

　　秦兵马俑（图4-5）制作以塑为主，塑、模结合，分件制作，材料选用灰陶，与红陶相比，多了一道泼水焖制的工序，使得灰陶的硬度相对较高，

图4-5　秦兵马俑

烧结温度为1000℃左右，高温烧结而不变形，至今坚硬如石，入窑烧成后绘彩。这是我国陶瓷工艺历史上的一个奇迹，就以今天的工艺水平来说，烧制这么大型的兵马俑都有一定的困难。秦兵马俑整体风格浑厚、健美、洗练，是我国雕塑史上少有的写实代表，相比同时期西方雕塑，秦兵马俑更为朴实厚重，气势宏大。从陶俑细节来看，团脸微圆润的，为关中出身的秦士兵；高颧骨，体型健硕的为陇东甘肃东部的士兵；戴长冠，穿胸式甲衣的为善谋略的辅佐军官；戴切云冠，着小札叶长甲，昂首挺阔的为身经百战的将官，如若再近距离观察，还能从皱纹和面部肌肉的组合大致推算出年龄，真可谓是"千人千面"，不知秦俑陶艺匠师们是否借鉴了名将王翦、蒙恬、章邯等形象，但却有所依据，这一点似乎毋庸置疑。

人殉制度盛行时，巧夺天工的陶俑的出现为殉葬品提供了更多可能，间接推动了人殉制度的替代。至今，现已出土舞者、武士、奴仆等陶俑8000余件，其中武士俑涉及的兵种齐全、队列整齐，形象地再现了当时秦军的排兵布阵、军队建制和装备情况，这些真实考古资料可远比文献史料更能显示出秦一统天下后，对不同地区、民族的融合与拓展，继而揭开先秦时期问题的神秘面纱。秦兵马俑被称为世界最大的地下军事博物馆，是研究秦时期军队的可靠资料，是中华民族的骄傲和财富。

## 二、陶与瓷的区别

每一次技术的升级迭代都伴随着新问题的发现与解决，先民创造了陶器，但在使用的过程中人们逐步发现它的两个致命缺点：第一，质地脆弱易碎；第二，渗水。于是聪明的我国先民本着解决问题的态度，发明了上釉技术，堵住在显微镜下才可见的细密小孔，有一定防水作用，若是改变釉粉的成分和上釉的部位还能为陶器上色。上釉能防止水分进入，但是无法解决内部孔隙的问题。随后，殷周时期的陶匠开始进行大量的实验，他们不仅尝试了各种不同的黏土，还加入各种矿物质自己调配黏土，终于在科研精神的支持下，另一种升级后的物质诞生了，它就是"瓷"，我们常说的陶瓷，其实是两种物质，瓷的发明是对陶缺陷的一种解决方案，是一种创新。而这样的创新就发生在不断的尝试与试错中。

陶和瓷的主要区别有以下3点。

（1）原料

陶原料主要成分是黏土（又称陶土）；瓷原料是富含石英和云绢母等矿物质的瓷石、高岭土等。

（2）温度

烧制温度不同，陶是在900℃左右的温度下焙烧而成，最高不超过

1100℃；瓷的烧制温度在 1300℃左右，最高可达到 1500℃。

（3）质地

陶质地稀疏吸水、透气性好、不透光；瓷质地紧密，几乎不吸水，透气性差，在一定条件下透光。

综上，区分陶与瓷不能仅看外表，如唐朝时期享誉世界的唐三彩（图4-6），虽然有着精美的外形和绚丽的釉色，但它是陶而非瓷。

图4-6　唐三彩骆驼

## 三、瓷器

清代人蓝浦《景德镇陶录》转引《爱日堂抄》："自古陶重青品，晋曰缥瓷，唐曰千峰翠色，柴周曰雨过天晴，吴越曰秘色，其后宋器虽具诸色，而妆瓷在宋烧者淡青色，官窑、哥窑以粉青为上，东窑、龙泉窑其色皆青，至明而秘色始绝。"这一句话形象地涵盖了我国瓷器烧制的全部历史。

### 1. 越窑

（1）缥瓷

缥釉盘口鸡头壶（图4-7）在上虞面世，从而揭开了缥瓷的神秘面纱。缥釉盘口鸡头壶高 22.5cm，口径 6.5cm，底径 7cm。造型典雅，形态逼真，肩部的鸡头，上有冠，下有颈，圆啄有孔，与鸡头相对的一面塑制一个把手，上端与盘口底部相接，下端接在壶的肩部处。壶的外表施有两层质地不同的釉，底釉较厚，呈淡青绿色，釉面有人为技巧制成的鳝血色。"鱼子"纹开片，表面施较薄的无色透明玻璃釉，从而釉色晶莹明澈，玉质感强，瓷胎甚厚，呈深灰色。所谓缥瓷，其实是"淡青绿色开片纹饰釉瓷器"的简

图 4-7 缥釉盘口鸡头壶

称，它化腐朽为神奇，人为制成开片纹饰釉瓷器的创始者是晋代的越窑，宋代哥窑仅是继承和发展而已。

（2）秘色瓷

晚唐五代的越窑有一种"秘色瓷"。

图 4-8 为八棱秘色瓷净水瓶，陈放于法门寺地宫，瓶内装有五彩宝珠 29 颗，口上置一颗大的水晶宝珠覆盖，其青釉比其他 13 件秘色圆器明亮，玻化程度更好。专家认为"法门寺八棱瓶是所有秘色瓷中最精彩也最具典型性的作品之一，造型规整，釉色清亮，其制作达到了唐代青瓷的最高水平"。

图 4-8 八棱秘色瓷净水瓶

　　秘色瓷之所以神秘，主要是技术上难度极高。青瓷的釉色如何，除了釉料配方，几乎全靠窑炉火候的把握。不同的火候、气氛，釉色可以相去甚远。要想使釉色青翠、匀净，而且稳定地烧出同样的釉色，那种高难技术一定是秘而不宣的。秘色瓷在晚唐时期烧制成功，不久之后，五代钱氏吴越国就把烧制秘色瓷的窑口划归官办，命它专烧贡瓷，臣庶不得使用，远离百姓，高高在上。至于它的名称，偏偏不明说是青瓷，也不像宋代那样，取些豆青、梅子青一类形象的叫法，却用了一个"秘"字，着实使得后人伤脑筋。而细想想，这个"秘"字又包含了多少虚与实的内容？这样极富深意的名称，恐怕只有浸泡在诗歌海洋里聪明的唐代人才琢磨得出。

### 2. 瓷都景德镇

（1）影青瓷

　　千年瓷都景德镇，其烧制瓷最初就是源自对玉的模仿。市场的肯定，推动匠人们从审美到工艺的升级，最终做出了"饶玉"这样的类玉瓷，也被称为"青白瓷"或"影青瓷"（图4-9）。也正因如此，公元1004年，宋真宗不仅签订了饱受争议的"澶渊之盟"，还将自己新换的年号"景德"赐给了这个做出让他欣喜瓷器的小镇。景德镇在古时候原名叫做昌南镇，传说由于它出产的瓷器出口到欧洲得到了很多贵族的喜欢，外国人就把瓷器叫做昌南，也把带来瓷器的国家叫做昌南，久而久之，就变成了今天的China，使得"瓷"这种物质连绵千年与中国紧紧联系在了一起。

图4-9　影青瓷

（2）青花瓷

　　宋朝，宋徽宗掀起了追求单色瓷的极致，比如，五大名窑之首汝窑的"雨过天青云破处"的汝瓷。然而色彩只是故事的开端，流畅的器型才是故事的高潮。没有雕刻暗花，没有繁复转折，线条行止，都恰到好处，优雅中透露着不假外求的雍容。在这个时间段，五大名窑的说法让景德镇稍显尴尬，由于影青瓷没有很高的技术壁垒，很快其他窑口就探得精髓纷纷效仿，为了在宠杂的窑系中求存，也随着海上、陆地丝绸之路的昌盛，外来文化的交融，景德镇又推出了一款享誉世界的力作——青花瓷（图4-10）。

图 4-10　元青花鬼谷下山图罐

青花瓷的英文 blue-and-white porcelain，其中包含两种颜色——蓝与白。从颜色说，在我国古代等级制度森严的封建王朝，蓝色仅为嫔的专属用瓷颜色，对比黄色、绿色、紫色，显然没那么高贵。青花瓷之所以选择了这种颜色，其实是外来审美的产物。在干旱的中东地区，水资源比较宝贵，所以象征水的蓝色就备受推崇。元朝时期，有数以百万的中东商人在我国经商，像瓷器这样的畅销品，定然是商人的最爱。所以，青花瓷一开始就不是针对我国市场开发的，而是面向西亚乃至东欧市场的。尽管当时我国并没有好的钴蓝颜料，但是波斯商人带来了上好青花料——苏麻离青，同时也带来了大量的订单。

但是若想造出纯净透亮的白瓷来衬托那千里而来的钴蓝可不是件易事。虽然景德镇有制造影青瓷的基础，但由于原来宋朝繁荣的制瓷业，让很多平常百姓家也用上了瓷器，过多的消耗，让制瓷最重要的原材料瓷土面临枯竭的危机。面对这个亟待解决的大问题，上天再一次眷顾这座小镇，让工匠们发现了更耐高温、可塑性更好的另一种原材料——高岭土。通过多次尝试，工匠们发现高岭土并不能完全代替瓷石，但是通过合适的配比可以生产出质地更坚硬，颜色更白的硬质瓷，这种配方也被称为瓷器的二元配方，是胚体的重大变革。据说印第安人在狩猎时还用青花瓷来当箭头，可见其硬度之高。

就这样，早期的青花瓷走出了国门，不只融合了很多异域葡萄藤纹样，也不乏代表东方的松竹梅兰等题材，成型后的青花瓷线条略有晕染，能透过葡萄粒、树干等细节看出色调深浅不一，颇有中国水墨之风。色调纹样都有了，我们还需要一层薄厚适中的透明釉，才能让画师们所绘制的各类图案清晰地显露出来（图 4-11）。

制作青花瓷一共需要三个技术准备，分别是胎体、青花料、透明釉，缺一不可。虽已万事俱备，但青花瓷的制备并不是这三者简单的条件罗列，

图 4-11 青花瓷盘

而是需要一套完整的制备工艺，对制瓷的各个环节都提出了更高的技术要求。比如，青花的烧制温度不够或太高都会使青花发黑，再比如，用上最好的苏麻离青，温度也恰好，但是却覆盖了一层浑浊的其他色釉，那青花也就被完全覆盖了。经过长期的尝试，工匠们终于掌握了一套可复制的技术要领。至此，景德镇再无其他窑口可比肩。1278 年，元朝政府把官窑的皇冠正式戴在了景德镇的头上。

青花瓷制成不易，得到认可更为漫长，起初很多国人的审美仍然停留在通体单色内敛含蓄的瓷种上，故有明朝《新增格古要论》记载："青花及五色花者俗甚。"而到今天，大家都知道，青花瓷是世界上少有的广受各国人民喜欢的产品。

正因为每段时期所用的青花料不同，历史的细微讯息才能随着这忽而蓝的浓艳，忽而蓝的淡雅，忽而蓝的清冷的微妙变化而源远流长。到了明清两朝，青花的发展，还不经意间点醒了画师，让后续的皇室开始把功夫下在了进一步的色彩丰富上，到今天谈到中国美术史，也无法避开彩绘瓷。

（3）瓷母——各种釉彩大瓶

瓷器上的花纹发展迅速，逐步由原来的白描勾线，过渡到能在一片叶子上用不同的绿色绘制光影关系。明成化斗彩，清康熙、雍正的粉彩与珐琅彩等彩绘瓷器都是明清时期的杰出代表，这时的瓷也不只是生活中重要的物品，还是实力与品位的展现，其中乾隆皇帝的得意之作各种釉彩大瓶（也叫瓷母）正是个中典范（图 4-12）。

图 4-12 各种釉彩大瓶

各种釉彩大瓶高 86.4cm，通体 15 层，17 种不同釉彩浑然天成，是我国古代器型最大、单瓶釉彩最多、工艺最复杂的瓷器，堪称瓷器之母。

17 种釉彩集合了从宋到清历代的精品，每一种釉彩若要烧造出完美效果，温度各不相同，在我国古代没有温度计等测温仪器，工匠们只能通过经验观察火焰的颜色或用一次性测温瓷片等简单的方法判断温度，可见难度之大。

### 3. 西方制瓷路

视角来到西方，18 世纪，萨克森公国执政者、外号为强力王的奥古斯都二世最惊人的爱好就是收藏中国瓷器。据说，1717 年他做了一个疯狂的举动，用 600 名龙骑兵（龙骑兵是指骑在马上使用火枪的骑兵，是一个国家的战略力量）与普鲁士国王交换了 150 余件青花瓷瓶。

故事虽是笑谈，但也真实反映出当时欧洲的一个普遍现象，上至王公贵族，下到平头百姓，都为瓷器而痴迷。这种发自内心的喜爱最终发展出执着的制造瓷器的动力。然而瓷器的制造是我国的秘密，如何破解？这让已经拥有钢琴、望远镜、蒸汽机雏形等发明专利的欧洲人头痛不已。

18 世纪初，一个叫约翰·弗里德里希·波特格的男孩带来了新的契机。图 4-13 是波特格当时笔记中的七种新配方（为了保密，记录的时候还用了多种语言加密的形式）：1 号，纯黏土；2 号，黏土与雪花膏的比例是 4：1；3～7 号黏土的比例逐渐增加。然后将 1～7 号试件送入窑炉，5 小时后，记录显示，1 号试验品外观白色；2 号、3 号碎裂；4 号形状不变，但脱了色；5～7 号洁白透明，其中 5 号最佳。功夫不负有心人，瓷器初具雏形，剩下就是验证配方是否存在偶然性并微调。终于在 1708 年 10 月 9 日，契恩豪斯和波特格烧制出第一只真正的无釉半透明瓷杯，遗憾的是两天后契恩豪斯辞别人世，享年 57 岁。

1号，纯黏土

2号，黏土与雪花膏的比例是4:1

3号，黏土与雪花膏的比例是5:1

4号，黏土与雪花膏的比例是6:1

5号，黏土与雪花膏的比例是7:1

6号，黏土与雪花膏的比例是8:1

7号，黏土与雪花膏的比例是9:1

图 4-13　波特格笔记

很快奥古斯都二世就在迈森建立了工厂，迈森瓷到今天依然是世界上最著名的瓷器奢侈品牌之一。图 4-14 是迈森瓷商标的演化过程，但无论如何更改，都以交叉双剑图案为基础，与曾经的龙骑兵的徽章相似，这也许是奥古斯都二世想用这种方式，纪念这支精锐队伍对西方瓷的突出贡献吧！

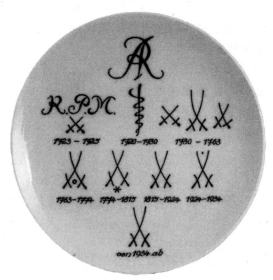

**图 4-14 迈森瓷标志**

西方制瓷技术的成功蕴含的是契恩豪斯的 20 年，波特格的 8 年，是 3 万多次实验的细微调整与烧制。至此，瓷器制造的神秘面纱被西方揭开，在市场的相互作用下，法国、英国也相继建立了自己的瓷器制造厂，起初他们只是照着原来的样子仿制我国瓷器，但很快都发展出了自己的风格，并将瓷器的质量和产量都推向了新的高度。例如，18 世纪英国的韦奇伍德的骨瓷，色泽和质地都超过了我国的白瓷，韦奇伍德将蒸汽机引入瓷器制造，这是世界上所有制造业中首次大规模使用蒸汽机，瓷器首次在世界范围内供大于求。为了适应市场，韦奇伍德还发明了一种全新的营销手段，他在伦敦市中心开了一家展销厅，向市民展示自己的新产品，形似于今天的新零售理念，他的这种做法能直接了解消费者的需求，瓷器被倒推着更新换代，持续保持品牌旺盛的生命力。

18 世纪的欧洲，制瓷业蓬勃发展，与此同时我国正处于清朝鼎盛时期，景德镇最高级的技术人才一直服务于社会顶层——皇室，统治者只对个人爱好有兴趣，对现代商业很少关注，导致市场逐渐失去活力。

我国制瓷业的衰落让我们看到，在古代社会，再优秀的官窑人才，也只是工匠，很难将技艺变成知识产权获得更高的社会地位，工匠也就逐渐失去了自主创造的欲望与动力，难以创新。从传承的角度说，古代我国一般是家族或师徒相传，传授配方时，一般修饰定量的词语是适量、少许。

若是资质平庸，可能一生也难能理解其中的精髓，很多古时的瓷器制作工艺已经失传。

反观欧洲人，从开始制造瓷器之初就将每一种物质的配比精确起来，也正是波特格的笔记影响了后世，后人可以直接受益，省去了很多重复工作，更容易获得累加式的进步。今天，如果我们想要复制欧洲某段时期的瓷器，大部分都能在档案馆中找到翔实的配方。

到了现代，有了其他特殊金属氧化物的加入，特种陶瓷以其优异的绝缘、绝热和低温超导等特性在工业上被广泛应用。例如，用于电线杆和变电站的高压电线绝缘瓷芯；用于打火机、煤气炉里的压电陶瓷；用于航天飞机表面的陶瓷散热片，等等。

# 第三节　不屈不挠的金属

金属材料是以金属为基，具有金属特性的材料，包括铁和以铁为基的合金（黑色金属），如钢、铁和铁合金等；非铁合金（有色金属），如铝、铜、铅及其合金等。在实际运用中，纯金属材料较少，一般制成合金，性能更优。人类一直以来对金属偏爱有加，源自它们延展性好，强度高，加热后有可塑性，是一种能反复使用、软硬自如的材料，也是应用最广的一种材料。

## 一、青铜

青铜是人类最早大规模使用的合金，出现于约公元前 5000 年左右的西亚两河流域地区。铜制器具的发展与使用，不仅促进了人类科技的迅猛发展，而且催生了新的人类文明的出现。我国的青铜时代相比西亚稍晚一些，但是从夏商周一直延续到秦汉时期，我国后来者居上，并在这个发展的过程中，形成了具有我国传统特色的青铜器文化体系。

后母戊鼎（图 4-15），曾称司母戊鼎，重达 832.84kg，双耳，高 133cm，长 110cm，宽 78cm，是现今我国发现的商周时期最大、最重的青铜鼎，也是世界上最大的青铜器，现收藏于国家历史博物馆，是镇馆之宝。它造型瑰丽、醇厚，鼎外布满图腾纹样，是那个时代绝对的高科技产品，充分展现了我国古代发达的青铜冶炼和铸造技术。

经现代无损探测，后母戊鼎所用材料为合金。其实我国古代工匠很早就掌握了制造不同青铜器的合金比例，到了战国时期，被统一记载于《周礼·考工记》中，是世界上最早的合金工艺总结。

图4-15　后母戊鼎

青铜中锡的比例在15%～20%时，最为强韧，超过则逐渐变脆，比如制作斧斤与戈戟都需要坚韧，锡占比16.7%和20%；箭需要硬度较高，故而锡比例为28.6%。青铜中锡含量的增加，会使青铜色彩由赤铜色经赤黄色、橙黄色、浅黄色，最后变为灰白色。而钟鼎既要坚韧也要辉煌，故含锡1/7左右，由此可见，六齐既是经验的总结，也是最早的材料设计思想的体现，直至今天，我们一直在享受古代劳动人民的智慧传承，设计材料时的思想也一直未变：根据用途，明确性能，根据性能，设计成分。

除后母戊鼎外，我国还发掘出了大量商朝时期制作的工艺精良的青铜器。这说明，后母戊鼎的科技水平是当时社会的普遍水平，体现了我们的祖先对冶金技术这项系统工程具有很高的掌握程度。

## 二、铁器

地壳的重要组成元素之一是铁，但是由于铁过于活泼，在自然界很难找到纯铁，而且铁的熔点对比铜、锡等要高，所以人类使用铁的时间要晚些。人类最早使用的是天然陨铁，1972年，在我国河北省藁城县台西村出土的商代青铜钺，已经嵌接了陨铁刃，说明那时的工匠已经认识到铁这种金属的性能并将其用在"刀刃上"。

公元前1800年左右，赫梯文明在纯熟的冶铜基础上发明了块炼铁技术。当材料升级，人们发现用铁制成的生产工具、武器等，使用效果是青铜无法比拟的，铁逐步代替了青铜，人类进入了铁器时代。

一种文明能够冶炼出青铜甚至铁，就能将技术嫁接应用。比如"秦砖汉瓦"（泛指非常高质量的陶制建筑材料），正是我们的祖先掌握"高温"烧制的技术后反哺制陶，方使其历经千年而无损。可见，一项技术的突破，能带动另一项已有技术的发展，进而促使文明的大进步。

到了近现代，人类可驾驭的金属及其合金种类越来越多，从铜、铁到钛、铝、镁，大体是密度递减的顺序，这也恰好与人类追求低能耗、低排放的需求相一致。没有最轻，只有更轻，比如最近几年比较火的兼具金属与半导体特性的碳纳米管，体积相同情况下，强度是钢的100倍，重量却仅有其1/6。

如今，许多新材料都向着轻量化的方向发展，金属也不再是我们想象中规规矩矩的放在那里的固体。在电影《终结者》中出现过常温下液态柔性可编程机器人随意变形、流动、复原的场景，而且这种机器人耐高温不怕火，虽然现实中还没能造出这样的机器人来，但向新材料的迈进一直没有停歇。清华大学刘静教授团队，发现了一些常温状态下液态金属的有趣特质。图4-16是一只该团队用液态金属绘制的小鹿，不仅线条本身具有金属光泽，放上电池和灯还能点亮每一朵花，而且这种液态金属对人体无害，像这样的图案还可以画在人皮肤这种比较柔软、易变形的基体上。

图 4-16　液态金属小鹿

在此基础上，刘静教授团队还制作了液态金属打印机（图4-17）。虽然现在的应用电路非常复杂，线宽，包括线与线的间隙，甚至达到了微米级，但在液态金属打印机的帮助下10s内便可以打印完成。若将液态金属打印机产业化应用到手机或电脑制造上，能很轻松就拥有更小更轻的产品。液态金属的各种应用，让我们提前感受和畅想了新材料未来将带给我们的无限可能。

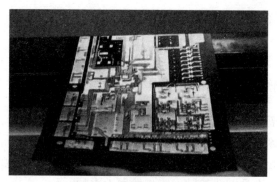

图 4-17 液态金属打印机

# 第四节 坚固透明的玻璃

玻璃属于无机非金属材料范畴，由于它本身的透明特性，常常"隐身"于环境之中，让我们总是轻而易举地透过它去审视，而对它本身视而不见。

## 一、手工玻璃飞速发展

玻璃这种亮闪闪的材料，让很多人想到了宝石，觉得可以用来制作首饰。这一需求在熔炉发明后使手工玻璃制作工艺得以发展。

13 世纪，威尼斯的玻璃制造技术世界领先。然而，当时威尼斯的房子大多是木制的，而制造玻璃的熔炉温度需要 1000℃以上，矛盾不可避免地出现——众多玻璃制作手艺人在制作玻璃过程中频繁将木制房屋烧个精光。

当然，起初的玻璃比不上天然玻璃，都是不透明的，常用来制作酒瓶或是汤碗（图 4-18）。直到一个叫安杰洛·巴洛威亚的玻璃商人通过反复

图 4-18 不透明玻璃碗

实验，把海藻烧成灰加到原来的玻璃溶液中，才制造出了一种晶莹剔透的玻璃。

## 二、玻璃开启的四个新世界

在科学家看来，透明的玻璃是完全新型可利用的材料，它可以弯曲、变形，甚至分解光线，随着技术的升级发展开启了四个全新的世界。

第一，微观世界。显微镜的出现让我们从此进入了微观世界，现在医药学、生物学等均是在此基础上逐步发展而来的。

第二，太空世界。有了望远镜，我们的目光才穿越大气层，开始尝试看清宇宙的样子。

第三，美丽新世界。从前，人活一辈子，可能也不知道自己长什么样，大家都是靠铜镜或是水里的倒影隐隐约约看到自己扭曲模糊的面孔。有了玻璃镜子以后，绘画技巧也得到更新，例如，菲利波·布鲁内列斯基发明了绘画中的直线透视法。

镜子出现后，人们绘画的题材不再只局限于风景、动物等，有些画家开始画自己，像梵高的那幅，家喻户晓的耳朵上缠了绷带的自画像（图4-19），还有世界上留存自画像最多的伦勃朗（图4-20）。看清自己之后，人们有了更多追求美丽的需求，同时也催生出一系列的产业链。

图4-19　梵高自画像　　　图4-20　伦勃朗自画像

第四，网络世界。当把玻璃丝绕在一起做成玻璃纤维后，人们不仅在服装、电路板、空客A380的机身上看到它的身影，更可将其应用在人们所熟知的光纤技术中。如今，我们依靠玻璃光纤织就了一张"大网"，让任何地方的新技术都可以迅速被其他地方所熟知并加以利用。

# 第五节　传承文化的纸

在我们看来，纸是一种比较常见的材料，经过漫长的发展，"普通"的纸衍生出诸多用途，比如交易（纸币）、留存影像（相纸）、包装等。但是纸的最基本用途仍是记载、传承文化或技艺。

## 一、早期纸的雏形

最初，由于条件受限，人类若想记录有纪念意义的事情很是不易，只能刻在龟壳兽骨、石头、泥板、青铜上，虽然很多都一直保存到今天，但是这类载体存在一个共同的问题，成本高、不易携带，对提升"全民素质"具有局限性。其中，虽然美索不达米亚的苏美尔人制作的泥板只有巴掌大小，材料常见，价格也相对便宜，但它还是太重了，又容易损坏，相较之下，古埃及人发明的莎草纸就比较方便了（图4-21）。

图4-21　苏美尔人制作的泥板与古埃及人发明的莎草纸

莎草纸是将长在尼罗河畔的纸莎草枝干，像洋葱一样一层层剥开之后，将它横着放第一层，再竖着放第二层，然后浸湿，再用重物压出汁液混合面粉糊，最后用贝壳把这草席一样的薄片磨光滑。人类发现最古老的莎草纸卷轴可追溯到公元前2900年到公元前2775年，看起来平整光滑，应该是技术成熟后的产物。

莎草纸虽然工艺复杂又昂贵，但毕竟开启了上层精英阶层对知识的渴望，此后几个世纪，古巴比伦的国王们以及近东地区的文化中心都试图建立大型图书馆以彰显自己的雄厚实力与底蕴。有着独特纸资源的古埃及自然也不甘落后，公元前3世纪，埃及当时的统治者托勒密一世下令建立世界上最大的亚历山大图书馆，为了丰富藏书，每一艘驶进亚历山大港的船只都会被检查所带书籍，然后誊抄并送去图书馆。就这样 3 个世纪后，亚历山大图书馆藏有约 70 万卷莎草纸卷轴。但是很遗憾，这座举世闻名的古代文化中心消失在了战火中，图 4-22 是在原址上建设的现代图书馆。

图 4-22　亚历山大图书馆原址上的现代图书馆

为了在图书馆上保持优势，托勒密对一些有竞争力的对手拒绝出口莎草纸，于是另一种形式的纸就诞生了，人们习惯将这种纸产品称为珀加蒙，这是发明它的城市的名字，现在一些拉丁语中依然保留了这个叫法，而我们可能更习惯将它称为羊皮纸。

羊皮纸中，白色胎儿时期的小动物的皮是最好的选材，制作的时候是将兽皮泡在石灰里，放置 10 天后再刮，直至表面变得光滑无毛（图 4-23），成本比莎草纸更高，但是对比脆弱的莎草纸，羊皮纸有不少自己的优势，例如，它非常结实，可以随意折叠弯曲、双面写字，今天的书之所以变成现在这样装订成册，也与羊皮纸有一定的关联，并且羊皮纸的保存时间久，在今天，仍有一些重要的文件是用羊皮纸书写。

图 4-23　羊皮纸圣经

羊皮纸相比莎草纸是一种进步，但这两种书写材料依然是成本高昂的稀缺品，只有少数人才有机会接触，它要想更紧密地嵌入人类社会，还急需一个接口。公元1世纪，我国东汉蔡伦，打开了这一关键接口。

## 二、蔡伦纸的贡献

美国学者曾将蔡伦评为影响人类历史一百名人的第7位，在所有入选的11位我国人中位置仅次于孔子，位置比爱因斯坦还靠前。

蔡伦改进的造纸术，是用石臼将破布、草根、树皮等原料碾碎，然后加水稀释，直到看不见明显的纤维，最后由筛网浸泡过滤，左右摇晃，形成纤维层再平整晾晒。感觉过程比莎草纸和羊皮纸复杂，但是，正是因为他对纸的制造工艺的改进，使得纸的成本下降，纸不再是贵族的专属，从此走入千家万户。这套制造工艺的特别之处在于：第一，原料充足。废弃的木材、棉花、绸帛、海藻，都可以变成原料。第二，提供了基础的技术模板。即使是今天的机械造纸，更强大的动力、更高效的打浆机都出现了，但造纸的基本工艺流程几乎没变，依然是模拟当初的手工技术。第三，这套工艺还可以根据不同的需求，更改配方。比如，画山水画的纸，可以用竹子当原料，做出的纸一旦沾上墨水，就会产生柔边模糊的效果，有一种相互渗透转化的朦胧美；想长期保存一张纸，可以往纸浆里加防虫的草药；给爱慕之人的信纸，可以在纸的配料中加入芙蓉汁，将纸染成桃红色，互诉衷肠（浣花笺）。

纸，不再只是一项发明，一种材料，更是撑起文化的一个重要结构，现如今已经彻底融入人类社会，无处不在。

# 第六节　材料的发展与创新

大学阶段，正是培养创新意识与能力的关键环节，如何运用创新思维，实现创新，或许我们可以从材料的发展进程中简单了解。

## 一、创新的概念

"创新"的英文 lnnovation 源自拉丁语"lnnovare"。对于"创新"的概念，不同学者见解不同，较为主流的说法是：把新构想（或新概念）发展到实际应用阶段并成功地应用于实践的阶段。换句话说就是，只要能在他人已有成果上有新的发现、见解，开拓新的领域，解决新的问题，创造出新的事物，或是对已有成果有创造性的应用，都可称为"创新"，创新是将创意构想变成现实的有效成果。

## 二、创新的启示

### 1. 需求是创新的源头

收纳物品、烹煮食物是人类在文明启蒙阶段进化的一种基础需求，出于对当时基本条件的考量，人类聪明的就地取材创造了第一种无机非金属材料——陶。从 0 到 1 属于原始创新，难度最大，有一定的偶然性，部分原始创新源于突发的"灵光乍现"，但更多的往往通过持续有目的性的基础研究而最终"飞跃"。原始创新通常包括直觉突破、解释讨论、逻辑推理、推广扩散等阶段。

### 2. 尝试在框架内思考重组

传统观念认为创新就是打破思维藩篱，完全跳出框架思考，但其实，只要开始这么思考，很多人就对这种漫无目的创新望而却步了。相反，在问题出现后，能够在框架内思考，系统地将现有条件重组反而会更有创造力。

2005 年左右，手机市场都是各显神通，直到乔布斯 2007 年推出苹果手机，市面上顿时划分出两个阵营，一个是苹果，一个是其他所有。然而，苹果手机的推出并没有那么顺利，因为要想让手机实现触屏，一定要找到抗刮擦的玻璃，几经辗转无果，直到遇到了生产特殊玻璃和陶瓷材料的康宁公司。

康宁公司创办于 1851 年，是世界上最早制造出光纤的公司。大约半个世纪前，抗刮擦玻璃是康宁公司工程师唐纳德·斯图基发明的一种微晶玻璃，是第一种具有超强抗冲击性和抗刮擦能力的陶瓷玻璃，之后的十余年，康宁公司持续改进，研制出了强度比其他品种高出 15 倍的玻璃，然而在当时，并没有得到推广应用，所以康宁公司在 1991 年停产了这种玻璃。

苹果的 iPhone 和 iPad 让康宁重新启用了这种玻璃。这种将过时的老产品改进、东山再起的创新方式，被叫做复兴式颠覆创新。现在，这种不到 1mm 厚的独特防护玻璃，不仅被用于制作 iPhone 和 iPad 的前盖板，还是 33 种品牌约 900 种不同型号产品的标准配置。而我们再看苹果手机的成功，亦是乔布斯在框架内思考后对现有各条件的重组。

### 3. 真正的创新最终成为我们生活的一部分

所有的创新都为了真正做好"落地"，比如纸的诞生过程，因为有了对记录的最基础需求，所以新技术新发明不断迭代更新（泥板—莎草纸—羊皮纸），随着社会的进步与技术升级，逐步降低门槛发展出可量产的新工艺（蔡伦纸），当技术成熟后，衍生出嫁接式生长的许多新生事物（相纸、纸币……），最终融入我们的生活，成为不可或缺的一部分（图4-24）。

图4-24 创新与生活

创新是一个民族进步的灵魂，是一个国家兴旺发达的动力。创新从来不是灵光乍现，而是通过坚定的信念加上实实在在的行动，踏实地获得可累加的进步，最终实现预期的创新结果。

 思考题

1. 简述陶与瓷的主要区别。

2. 中国的英文是China，与英文中的瓷器同名，试列举几种我国古代闻名于世的瓷器品种。

3. 试列举至少三项我国古代的重大材料发明。

4. 在金属的部分谈到，一种技术的升级会带动另一项技术的发展，以至于人类文明的大进步，请同学们谈一谈，当人类能冶铁后，除了"秦砖汉瓦"还能发明或升级什么？

5. 真正的创新，都需要经历三个阶段，即：诞生—设计工艺（量产）—大规模普及。请同学们试着以某种材料为例说明你认为哪个阶段最重要。

## 第五章

# 交通工程与文化

人类早期文字记载中就已出现从事运输活动的记录，人类为了获取生活物资和快速到达指定目的地，交通运输是必不可少的。交通运输有着与人类文明共同发展且相互影响的紧密关系，同时它能够从一个侧面展现人类历史的总进程。在历史发展的每一个阶段，交通运输一直影响着文化的发展规模。交通环境及使用工具也影响着全球各地文化相互交流的深度。总体来说，世界的文化传播乃至于人类文明的进步是依托交通运输进行的。人类文明史上的每一次变革与运输业的每一次突破性进展几乎相对应，这更能证明交通运输在人类历史中的地位。

人类为了搬运生活必需品，肩扛、背驮或头顶是早期利用自身作为运输工具的最快速和最方便的运输方式。随着时间的推移，人类开始用畜力来运输从而减少劳动量，逐渐发展并创造出多种适用于海、陆、空等不同环境的交通运输工具（图 5-1）。交通运输经过长期的发展与积累，基本形成了现代交通运输业的五种基本运输方式，主要包括水路运输、航空运输、管道运输、铁路运输和公路运输。

## 第一节　水路运输

人类制造独木舟并充分使用它来进行水路运输，最早可追溯到石器时代。再看现代的百万吨级邮轮在海上乘风破浪，水路运输的历史跨度有几千年之久，它是人类文明发展的代表之一。根据动力来源的不同，可以将水路运输

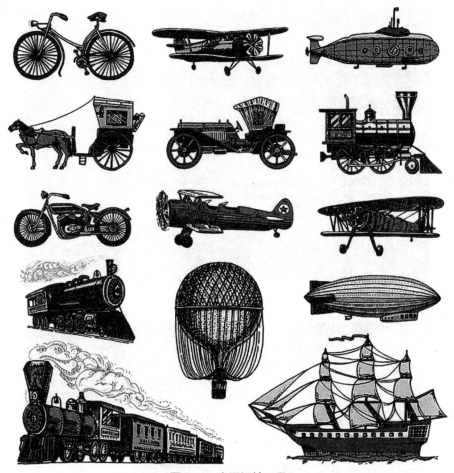

图 5-1 交通运输工具

大致分为四个时期：舟筏时代、帆船时代、蒸汽船时代和柴油船时代。

## 一、舟筏时代

远古时期，河流是天然的障碍，但这并不能阻止人类前进的脚步。为了解决渡河问题，人们将树干、竹竿、芦苇捆扎在一起制成水筏（图 5-2），运用兽皮充气的方法制成皮筏，以及挖空整颗大树的树干制成独木舟，之后又根据长期经验进行改良，制造出利于航行的流线外形独木舟。随着时间的流逝，人们发现水筏、皮筏及独木舟并不好控制且容易倾覆。于是，人们在独木舟的基础上进行外形改进，扩大船体规模，木板船的制造工艺应运而生（图 5-3）。这样的船能装载更多的货物，其出现是水路运输史上的巨大进步。舟筏时代的显著特点是船只的动力来源主要是人力。

图5-2　筏

图5-3　木板船

## 二、帆船时代

运用风力来推进船只行驶是人类进步的体现，也是帆船时代的基本特征。帆船（图5-4）的诞生取代了靠人力推动船只的主导地位，相比于舟筏时代的船只，帆船速度快、续航久、载货多，这是帆船时代的主要表现。帆船发展

图 5-4　帆船

的鼎盛时期是 15 世纪至 19 世纪中叶，在此期间，郑和下西洋在世界航海史上留下了浓墨重彩的一笔。明朝永乐时期是我国古代海上交通的全盛阶段，这个时期国力强盛，内部安定，政府注重外交，将发展对外贸易作为国家经济良性循环的重要一环。从 1405 年至 1433 年，明朝开展了多次大规模的对外交流和贸易活动。明成祖朱棣委派郑和，率领 27000 人，共 240 多艘船只出使西洋，彰显国力、促进海外贸易。这样规模的外交活动共出使七次，也成就了历史上我国大航海时代。郑和的船队访问过包括亚洲、非洲共三十多个国家和地区。这时我国造船技术已经有了长足的发展，再加上罗盘的运用以及航海知识和经验的积累，我国海上交通的发展规模达到了空前水平。郑和堪称世界上最早的、最伟大的、最有成绩的航海家之一。梁启超（图 5-5）在纪念郑和的《祖国大航海家郑和传》阐述了郑和航海事业的世界历史背景，文章开篇写道："西纪一千五六百年之交，全欧沿岸诸民族，各以航海业相竞。"相继有亨利、哥伦布、维哥达嘉马、麦哲伦等人献身海事，取得成功。梁启超在文中写道："自是新旧两陆、东西两洋，交通大开，全球比邻，备哉灿烂。有史以来，最光焰之时代也。而我泰东大帝国，与彼并时而兴者，有一海上之巨人郑和在。"梁启超称郑和为"国史之光"，足以显示郑和在我国航海史上的地位。

图 5-5　梁启超

## 三、蒸汽船时代

18世纪，全球化经济初具规模，海上船队穿梭于各个大洋，面对激增的贸易往来，改进船舶的驱动力，提高运载效率已是迫在眉睫的大事，这样的变革是必然的，也是遵循历史发展规律的。1765年，第一次工业革命的重要人物、英国发明家詹姆斯·瓦特改良蒸汽机，成功研制出双缸蒸汽机。三年后，在博尔顿提供技术和资金的支持下，他们共同研制出船舶新式推进动力的核心——博尔顿-瓦特发动机，世界早期的蒸汽机船上普遍使用的就是这种发动机。蒸汽机的发明拉开了船舶动力方式由人力、自然力转变为机械力的序幕。

当时，随着"天狼星号"及之后的"大西部号"的出现，横跨大西洋的时间连续被刷新纪录（分别是18天和15天），而在此之前则一般需历时5到10周，这样的变化对于当时世界运输业而言是难以想象的进步与变革。

18世纪，本杰明·富兰克林建议西方造船业效仿我国先进的设计理念来建造船体，将大体量的船只内部分隔成众多相互分离的密闭隔舱（图5-6），这样的设计能保证若任意一个隔舱漏水，其余隔舱都不会受到影响，而且即使隔舱与海水处于同一平面，船也不会下沉。

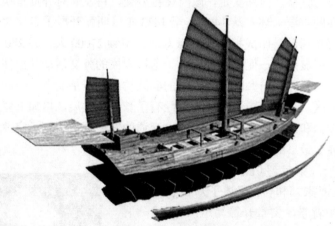

图5-6　船的密闭隔舱

## 四、柴油船时代

柴油机的发明，使船舶的驱动力再一次变革。19世纪末，石油产品逐渐普及，这让柴油机之父、德国人鲁道夫·狄塞尔成功研制出柴油动力压燃式发动机，这项发明取代了当时处于主导地位的蒸汽机成为船舶新的动力（图5-7）。

图 5-7 柴油船

第二次世界大战后，各国经济也在恢复，且许多国家工业化转型成功，经济规模得到长足发展，国际贸易也水涨船高，中东各国的石油巨量储备和开发，都给船舶运输业打了一剂强心针。

# 第二节 航空运输

航空运输是利用航空器运送人员、货物、邮件等的运输方式。主要的航空器有气球、飞艇、飞机、直升机等。现代航空运输使用的航空器主要是飞机，其次是直升机。航空运输相对于其他运输方式出现的时间较晚，始于 19 世纪 70 年代，其中经历了三个重要的发展阶段：气球、飞艇阶段，螺旋桨飞机阶段，喷气式飞机阶段。

## 一、气球、飞艇阶段

1982 年，世界首架气囊充满氢气并以蒸汽机作为驱动装置的硬式飞艇在法国试飞成功。该飞艇可操纵行驶方向，航行速度可达 8km/h，气囊如同橄榄球，下方配有驾驶舱，全长 44m，由巴黎飞至特拉普斯，全程 28km。

1900 年迎来了飞艇的辉煌时期。德国新研发出的齐伯林飞艇因载量大、行驶效率高，不但受商界喜爱，更受军事家们追捧，113 架军用飞艇就这样投入到第一次世界大战的战火中。1937 年 5 月，以德国总统兴登堡名字命名的"兴登堡"号飞艇在飞行中因火灾陨落，这架飞艇是当时德国最大、最先进的飞行器，也是人类历史上最大的一艘飞艇。但它的爆炸造成了 13 名乘客和 23 名工作人员遇难，其中包括 1 名地面工作人员，它的坠毁让整个飞艇行业彻底退出商业舞台。

## 二、螺旋桨飞机阶段

为了提供更安全、适用的飞行，靠修理自行车为生的莱特兄弟发明了一种新的航空器，并于 1903 年成功完成"惊世一飞"。这个被称为"飞行者一号"（图 5-8）的飞行器可载人、可操作且具有自动力，它正是人类历史上最伟大的发明之一——飞机。这种配有推进螺旋桨和双翼结构的飞机在喷气式飞机发明前是所有飞机的基本结构。

图 5-8　飞行者一号

## 三、喷气式飞机阶段

1939 年 8 月，在德国诞生了世界上第一架喷气式飞机。制造出喷气式飞机（图 5-9）是飞机发展史上里程碑式的进步和革新。首先，喷气式飞机解决了螺旋桨飞机无法解决的"音障"问题，使飞机的飞行速度得到极大提

图 5-9　喷气式飞机

升，实现了飞机的超音速航行；其次，喷气式飞机的设计能够使机身更轻、更具有爆发力，因此可以制造体量更大、运载能力更强的大型飞机。"二战"后，世界各国的飞机制造纷纷采用喷气式技术，出现了一场航空领域的"喷气式革命"。在此基础上，世界航空运输业取得了迅猛的发展。

自 1956 年我国第一架喷气式歼击机歼 -5 制造成功，我国就已成为能够大批量制造喷气式飞机的少数国家之一。现在，我国按国际民航规章自行研制了拥有自主知识产权的大型喷气式民用客机 C919（图 5-10）。2017 年 5 月 5 日，大型客机 C919 首飞成功，截至 2021 年 1 月，C919 大型客机高寒试飞试验取得了圆满成功。

图 5-10　大型客机 C919

因鸟撞而导致的飞行悲剧在全球时有发生，"鸟撞"是很多飞行员最害怕遇到的情况，高空中，高速飞行的飞机一旦与鸟类相撞，很有可能会导致动力系统或导航系统损坏，其造成的后果是很难想象的。C919 大型客机拥有能够达到吸能效果 4284kg 的防鸟撞板（图 5-11），其大小仅有 $1.1m^2$，重量也仅有 17kg，这项技术不但解决了"鸟撞"这一世界共性难题，同时也让世界感叹我国科技研发的进步与意志。

图 5-11　C919 鸟撞仿真试验

随着社会经济的发展和技术的进步，航空运输业发展空前地迅速，在现代社会的政治、经济、生活中占据着重要的地位，发挥着不可低估的作用。航空运输是远程行驶，尤其是跨洋旅行的主要交通工具。它为国际经济、文化、科技的交流带来便利，推动全球经济、文化的交流和发展。

# 第三节　管道运输

管道运输是利用管道进行输送的一种运输方式。据史料记载，我国是采用管道运输方式最早的国家，可追溯到秦汉时期古人用多根竹子搭接来长距离输送卤水。经过长时间的经验积累，人们发现这种运输方式造价和运行费用低、输送快捷，连续性的输送使得输送量大于任何一种运输方式，故而管道运输得到广泛应用。

## 一、应用领域

现今管道运输的主要发展趋势是：大口径、运输能力强且长运距输送。运输的物资从气态或液态等流体逐渐扩展到煤炭、矿石等非流体。就气体与液体而言，凡是在化学上稳定的物质都可以用管道运送。在欧洲的部分地区，还出现了啤酒管道来输送啤酒。

## 二、未来发展

随着管道运输行业的发展，这种因石油而应用广泛的运输方式为运输能源、特殊流体以及生活物资提供了更优质的解决方案。随着运载物的需求量增大，管道运输技术也随之提高，这样的良性循环会给未来管道运输一个更有前景的市场。

# 第四节　铁路运输

采用两条平行轨道引导的运输方式即为铁路运输。在轨道上运输可以追溯到16世纪，那时候德国和英国的矿山就已出现在木质轨道上运送煤炭和矿石的车辆，为了减少运行阻力，后逐渐演变为铁轨和铁车轮。当时的运送距离不长，仅限于矿区范围之内，车辆主要靠人力或者马力作为动力来源。

## 一、铁路的发展与影响

蒸汽机的发明是整个工业革命的基础，工业各领域的变革都围绕着蒸汽机，铁路运输也不例外。1804 年，英国工程师德里维斯克改造瓦特的蒸汽机，改进其从低压蒸汽动力转变为高压蒸汽动力并试行成功（图 5-12）。但因轨道材料为生铁铸造，被重达数吨的机车压裂，导致机车无法稳定行驶，最终德里维斯克放弃了此项研究。

图 5-12　德里维斯克的蒸汽机车

蒸汽机车真正意义上的成功运行归功于英国人乔治·史蒂芬森。他于 1781 年出生，自小生长在诺森伯兰郡的矿区，由于家境贫寒，没有受过正规教育，12 岁就成为父亲的助手，一边工作一边学习。后来当上了检修工，负责固定蒸汽机的维修，在工作中他意识到，能够在轨道上载重奔跑的蒸汽机，要比传统的固定蒸汽机更加灵活。1814 年，史蒂芬森根据蒸汽机的原理，研究出可以在铁路上行使的蒸汽机车，但它就像一个病魔缠身的怪物一样，即丑陋笨重，又走得很吃力。然而，史蒂芬森一直坚信蒸汽机车的设计构造一定能够超越以马车作为牵引力的畜力车，具有更远大的实用价值。以科学的角度研究蒸汽机车的缺陷，他做出一系列改进，减小机车在排气时发出的尖叫声，加强锅炉的输出力，提高车轮的运转速度。1825 年 9 月，世界上第一条真正意义上的铁路诞生，全长 21km，史蒂芬森进行了试车表演，这次试运行将那些与之赛跑的好事者的马车远远地甩在后面。

蒸汽机车的成功运行得到欧美发达国家的普遍认可，法国、美国、德国、比利时、俄国、意大利等国纷纷修建了自己的铁路；到19世纪50年代初期，亚、非、拉地区的部分国家也开始修建铁路，印度、埃及、巴西、日本等国就在其中。根据统计，自1825年到1860年，仅35年时间世界铁路就修建了15000多千米。这种能够大体量运载物资和人员的运输方式成为当时运输行业的主宰，蒸汽机车也是当时公认最快、最安全的交通运输工具。

不难想象，铁路运输的出现丰富了人们的物质生活，促进多元化交流。在铁路运输出现之前，也许有的人自始至终从未见过海，也许有的人一生中从未吃过热带水果，但有了铁路运输后，人们的生活由许多的不可能变成可能，铁路运输拓展了人们对世界的认知程度。但铁路运输相比于其他运输方式更需要合理的勘察与设计，以往不论是修路还是造运河，人们都是依据自然条件并且依靠环境基础才能完成。铁路却不同，它的技术深度已经可以通过改变自然来满足它的行驶环境，只要细致勘察、合理设计、严格施工、有山开洞、有河架桥就能通车。

## 二、中国高铁发展

我国高铁的建设起始于"十一五"规划期间。截至2020年底，我国高速铁路营业里程已达3.8万km，稳居世界第一。以高速铁路为骨架，包括区际快速铁路、城际铁路以及有线提速线路等构成的快速铁路网基本建成。

中国高铁（图5-13）在引进国外原有的技术之上加以改善，形成了自己的高铁技术体系。由于有着领先的技术水平，我们的高铁已经走出国门，走向世界，成为世界品牌。2016年，美国芝加哥地铁项目因技术难度大、工期短的原因而选择我国中车集团来完成此项目。

图5-13　中国高铁

### 三、中日高铁技术对比

谁能想到，一个曾经经济落后、生产落后并受西方多年技术封锁的国家，现已是整个高铁行业的"领头羊"。老牌高铁运营国家日本与我国比较有哪些不同呢？我国高铁的技术优势又在哪里？

（1）日本高铁的车头壳体均采用传统焊接方式制造、组装，而我国高铁的车头壳体是采用世界上最大的 80000t 水压机一次锻造成型。一次性锻造件的优势在于同样功率输出下的结构强度比焊接组装件更高。

（2）我国拥有亚洲最大规模、最先进的风洞群技术，且能够利用该技术优化高铁机车的外形设计，这是日本所不具备的。

（3）无论在建设速度还是在技术经验上，我国的高铁承建团队都处于世界顶尖地位。我国广阔的土地上拥有着多种复杂的地形和气候带，培养出具有丰富经验的工程队伍。

### 四、中国高铁的"颜值"与"气质"

截止到 2021 年我国高速铁路最高运营速度 350km/h，稳居世界首位。提到我国高铁，最著名的就是"和谐"号与"复兴"号，它们的命名也寓意着构建和谐社会和实现伟大民族复兴的梦想。高精尖的技术加上我国独有的文化寓意，这样的一张我国名片也向世界展示我们中华民族自强不息、勇于向前的卓越精神。

曾在网上获赞无数的"立硬币 8 分钟不倒"的视频，也从另一个方面表现出我国高铁不仅速度快，在稳定性上也具有极高的标准，这种稳定性共有三个指标——横向、纵向以及垂直方向，只有三个方向的稳定性达到极致才能像视频中那样立硬币而不倒。这样的技术难度可想而知，其中凝聚着我国科研工作者们无数的心血。

大多数人只了解我国高铁的快速与稳定，但其发展的规模与取得的成就很多人无法想象，其中几个"世界之最"已经让我国高速铁路系统稳居世界该行业的第一把交椅。我国是全世界高速铁路集成、安装和改进效率最高、行驶速度最快、技术领域最全面的国家。我国是高速铁路运营里程最长且建设规模最大的国家，2015 年其运营里程已经是除我国之外的全球总里程的 2 倍。由于发展规模巨大，在建工程逐年递增，我国的轨道交通产业链也是全世界最完整的，仅高铁动车组，全国就有 600 多家企业供应零部件。所以我国也是集全产业链制造、安装、维护、改造为一体的世界轨道交通领域的巨头。

## 第五节　公路运输

1769 年，法国人居尼奥经过六年的实验，成功制造出世界上第一辆三轮且具有实用价值、由蒸汽驱动的汽车（图 5-14）。自 19 世纪末至第一次世界大战前，汽车还没有在各国得到普及，最初的蒸汽汽车具有载量低、速度慢等缺点，再加上没有可供汽车行驶的专用道路，多数还是和马车道共用行驶，零部件磨损大。所以，公路运输在当时只能充当辅助水路运输和铁路运输的手段。

图 5-14　世界第一辆蒸汽汽车

第一次世界大战后，汽车这个新兴产物很快被推上了历史舞台，不仅取代了牲畜拉运而提高了工作效率，并且为当时的社会带来更多的就业机会和巨量的经济价值。整个汽车产业链的崛起，促进了公路大规模的建设，西方国家初步形成了国家内道路干线网，其中包括高速公路与城市内道路。以德国为例，1932 年至 1942 年，其国内高速公路已建成 3860km；美国的第一条高速公路也于 1940 年 10 月 1 日正式通车。随着小型车辆占领市场，汽车已成为人们日常出行的主要交通工具。随着公路不断建成，中、短途行驶环境大大改善，公路运输以压倒性的优势成为陆路运输的主流，至此铁路、水路运输在短途运输中失去了主导作用，欧美国家相继将无用的铁路改为公路。在长途运输方面，公路运输也开始与铁路、水路运输产生竞争。第二次世界大战后，欧美各国开始认识到高速公路的巨大优势，大力建设高速公路。随着世界经济的复苏和发展，汽车工业和石油开采业也迅速崛起。多数国家打破了一个多世纪以来以铁路运输为中心的单一局面，公路运输已成为综合运输体系中起主导作用的交通运输方式。

### 一、现代汽车的发展

现代汽车经历了百年的发展，从德国人发明内燃机汽车后，再由法国人接手改进技术，使其能够真正地运用到实际生活中，再到美国人进一步完善产业链，让汽车遍布整个欧美地区，后延伸到全球。这段岁月既充满了传奇色彩，又遵循着经济社会发展的规律。

1886年，世界上第一辆三轮（图5-15）和四轮（图5-16）内燃机汽车相继诞生，三轮汽车的发明者德国人卡尔·本茨就是世界第一家汽车制造公司——奔驰汽车公司的创始人。

图5-15 第一辆三轮内燃机汽车

图5-16 第一辆四轮内燃机汽车

虽然汽车诞生于德国，但那时的德国经济低迷，国内购买力低，公路基础差，汽车行业无法得到很好的发展。相比之下，法国经济实力雄厚。法国举行汽车比赛，使更多的人关注汽车，汽车行业在法国得到了快速成长。同时，作为最早的几家汽车公司，奔驰和戴姆勒公司也将大部分生产工厂转移到法国。

1891 年，法国取代德国成为世界汽车制造行业的领军者。不得不说法国的这次超越，是技术发展的经典案例，他们成功地学会德国汽车的研发技术，在原有基础上加以改进，在多次改进的基础上成功地进行了创新。因此，当时法国也诞生了多个，甚至至今还影响世界的汽车制造及汽车配件公司。例如，齿轮变速器和差速器就由法国标致公司在 1889 年研制成功的；法国 P&L 公司在 1891 年为改善汽车行驶性能而设计出前置发动机后轮驱动的标准形式；1895 年，充气式轮胎问世，汽车的行驶速度大大提高且减少了能耗，充气式轮胎的发明者就是大名鼎鼎的法国人米其林兄弟，这一发明带动整个汽车行业迈上了新的台阶。

汽车行业的逐渐成熟要归功于美国，自南北战争推翻了奴隶制度后，美国人口急剧攀升，再加上丰富的资源和较大的国土面积，极度渴望快速发展的美国不想单单依靠火车和轮船作为主要交通工具，一个大型城市内想要加快生活节奏，改变工作效率，汽车是最好的选择。1908 年，美国本土企业福特汽车公司成功研发了举世闻名的 T 型汽车（图 5-17），这种车配有四缸发动机，能"吃粗粮"（劣质油），外形精致小巧，车身自重轻，而且结构简单、修理方便，更为重要的是价格便宜。

在第二次世界大战结束后，欧洲各汽车巨头重整旗鼓，在废墟上重建汽车工业，并特别针对欧美汽车工业在体型过大、耗油量高等缺陷上加以改良，开发了丰富多彩的微型汽车，这一类车型更适合"二战"后欧洲的经营环境和人民需要。法国的雪铁龙公司曾制造出2CV 型汽车，其设计被誉为"四个轮子一把伞"，简约但不简陋，功能较多，且车内空间宽敞、驾乘感觉很舒服。这一时期，雪铁龙 2CV、菲亚特 500、大众甲壳虫、宝马 MINI，被推举为欧洲四大民用经典车。

随着时间的推移，亚洲的汽车工业也逐渐发展起来。20 世纪中叶，日本

图 5-17　T 型汽车

已意识到汽车给人们的生活带来的巨大改变和其中能产生可观的经济利润，所以日本政府推出了汽车行业的保护和发展政策，在汽车制造企业的税收和银行贷款政策上做出一系列改变，使这些企业能够稳定、健康地高速发展。好政策，就会有好发展，好发展就会促进技术革新，丰田汽车（图 5-18）公司就在国家的大力支持下，通过对欧美汽车工业生产方式的学习与改进总结出"丰田生产方式"，且被世界各国汽车企业效仿。同时，韩国的汽车行业也得到了快速发展，韩国政府对汽车工业推出扶持政策并提出指导意见。20 世纪 70 年代，韩国政府为了实现汽车全产业链国产化，小到零部件也在国内生产，整个汽车行业引入国外先进的生产技术，并对汽车工业的制造、生产进行改革、重组，实现了在满足内需的基础上逐步转向出口的战略转型。2007 年，韩国汽车销量已位居全球第五位。

图 5-18　丰田汽车

随着人们生活水平的日益改善和对物质要求的日益提高，汽车行业也得到了扩大与完善，曾经标志财富地位象征的汽车已卸下奢侈的外衣，成为许多人日常生活、工作不可或缺的交通工具。

## 二、汽车外形的演变

汽车外形的演变要从世界第一辆现代汽车的诞生开始说起。早期汽车外形普遍继承了人们熟知的马车造型，除了没有马之外几乎没有区别，后来人们发现马车的造型已无法适应改进汽车的外形要求。人们为了提高汽车的速度，增加了发动机功率，汽车驾驶座下面无法安置越来越巨大的发动机。于是，为了放置发动机，汽车的车身外形增设了发动机舱结构，将发动机舱设计在汽车前部专为放置发动机系统。这样，汽车从整体结构上划分为发动机舱和客舱两个部分，其形状酷似大箱子，这就是早期箱型汽车（图 5-19）的雏形。

图 5-19　箱型汽车

　　同时，提高车速是每一个汽车公司都需要面对的问题，而箱形汽车的车身受到的空气阻力大的缺点尤为突出。经过对汽车空气动力学的深入研究，人们发现箱形汽车风阻与车速呈平方增长，当车速超过 100km/h 后，发动机会将大部分动能消耗在克服空气阻力上，而通过各式模型检测风阻后，流线型车身可以大大降低风阻。德国大众率先设计出具有流线型车身的甲壳虫汽车（图 5-20）。

图 5-20　甲壳虫汽车

　　1949 年，美国福特汽车公司设计推出 V8 型汽车，它是如今三厢式轿车的鼻祖，当时设计师们出于更方便、更实用的设计理念，在汽车后部加设行李舱用来放置大型物品，这样车型就成为"三舱"的造型。通过实验后发现，加长的车尾在高速行驶中会产生较强的空气涡流，造成风阻阻碍了车速的提升。设计师们研究发现，要想解决这种缺陷，可以倾斜车身的后窗，以某种角度让空气能顺着倾斜的车窗流过，这样就不会产生空气涡流，于是"鱼形汽车"诞生了，它的后窗以极限角度倾斜被称为斜背式。它与甲壳虫汽车的不同之处在于，从车身侧面看，鱼形汽车背部与地面形成的夹角更小，能使空气通过车身时更加流畅，减少了风阻，车速自然能提升上来。作为船形汽车基础上的优化，鱼形汽车不但继承了船形汽车的优点（大空间和舒适感），还因改变车背形式而大大增加行李舱的空间。但是，鱼形汽车设计上增大了车身体积，在高速行驶中经过汽车底部的风会因风阻面过大，而使空气向上形成托力提升车体，减小了车轮与路面的附着力。如果车速过快，横向的风可能使车身整体侧翻。

针对升力问题，汽车制造业的设计师们花费了大量精力和经费，经过多次实验和论证，终于研究出解决方案——楔形汽车。这种车将底盘调低并与地面形成倾斜角度，车身整体前倾，车厢后部改为非流线的方形结构，这样的结构解决了上升力的问题，可排除行驶过程中因升力而侧翻的安全隐患。目前，世界各大汽车生产商的汽车基本结构都具有楔形汽车的特征。

汽车的外形结构不仅能体现汽车的功能、用途，而且还能体现汽车独特的个性和特征并彰显品牌特点。汽车动力系统安装位置、车身骨架的材料、车内空间的布置以及空气动力学与机械工程学的基本原则都是影响和制约汽车外形的主要因素；地域文化、品牌文化、时代审美、其他艺术形式和设计师个人理念也会影响汽车外形设计。

## 三、汽车仿生学造型元素

从结构组织的角度来看，汽车的基本构造就像是一只动物，拥有"心脏""大脑"以及"四肢"，并且有着自己的"生命"表达形式。

用仿生学来解释汽车的构造设计其实再贴切不过了。例如，鸥翼门就完美地体现了仿生学的概念，老牌汽车企业奔驰公司的经典跑车300SL就采用了鸥翼门，曾一度引领时尚。向上开门的鸥翼门十分优雅与动感，在开门的一刹那仿佛海鸥展翅，翱翔天空。这种造型的视觉冲击力十分强烈，只依靠车门的设计就足以吸引人们的目光，奔驰300SL也是世界首款这样的车了，它也因此获得了"永恒经典"的美誉。但是，鸥翼门并不是完美的，其在安全性上存在着一些缺陷，可人们对鸥翼门的追捧从未中断过。

富有传奇色彩的保时捷911系列一直是最震撼世界的车型之一，与甲壳虫同出于费迪南德·保时捷之手，而且两款车型都在设计过程中应用相似的溜背造型。保时捷911（图5-21）也运用了仿生学设计理念，尤其是第一代保时捷911，它的外形酷似一只青蛙，高高突起的前大灯与青蛙的眼睛像极了，并搭配了绿色的车身。

图 5-21 保时捷 911

大多数汽车企业注重突出汽车品牌的特点和汽车品牌赋予设计上所要表达的含义。例如，说到标致汽车就会想到狮子车标。但除了车标还有哪些设计能够体现车企的品牌文化和特点呢？以东风标致 508 为例，从汽车的尾灯光源设计上来看，3 排 6 颗 LED 灯泡会在尾灯点亮时，出现狮子挥舞爪子的爪痕，这种大灯也称为"狮爪大灯"（图 5-22），同样也凸显了标致汽车的品牌特色。

图 5-22 东风标致 508 的车尾灯

再看宝马 5 系车，为了能将这款豪华轿车顺利打入我国市场，在设计上突出视觉冲击力，设计师克里斯·班戈给出了完美答案——鹰眼大灯。众所周知鹰眼代表着锐利和专注，这种眼神带来的视觉冲击，令人敬仰之意油然而生，目光深邃且远望的雄姿犹如王者降临，霸气外露。鹰眼大灯的造型堪称经典，受到广泛好评，成为那一代宝马 5 系的标志性特色，至今仍被众多车迷津津乐道。

比亚迪宋 MAX（图 5-23）这款车前脸设计为龙脸造型，它将龙元素融入现代科技，并配合车标"宋"，这种包含神秘东方底蕴的造型设计不但凸显比亚迪宋系列的品牌文化，更是向外界展示了独有的汽车外观，给人以深刻的印象，具有极高的辨识度。它的正面布置多个精密横向电镀条格栅，如同龙口，龙啸震天；LED 大灯内配雾灯画龙点睛；中央的 LOGO 与前格栅构成一体，孕育出磅礴的气势；镀铬亮饰条又与车灯相连宛如龙须，熠熠生辉。

图 5-23 比亚迪宋 MAX

## 四、汽车的色彩

汽车使用环境的不同也会使汽车拥有不同的颜色，红色会让我们联想到消防车（图 5-24），因为红色代表着火的颜色；白色用于医疗救护车，因为白色代表纯洁、神圣；军用车采用深绿色或者土黄色，主要为了与草木、地面及周围环境颜色相近，隐蔽色被应用在战场上意义重大；黄色系的工程车，主要是起到醒目的作用，如今行人或车辆看到此颜色的工程车都会习惯性地避让。车身颜色不仅是汽车的功能和品牌的标志，还能够反映车主的情感和身份。商务人士因商务洽谈的需要，黑色或白色的汽车一般为首选，这能更好体现其尊贵、庄重的气质；青年人群要求汽车外型符合律

图 5-24 消防车

动性和个性设计，表现自我、突出个性的轻色调就成了主流；而现代女性的购车代表色也更倾向于化妆品的代表色红色、白色、亮色为主。

## 五、欧美汽车文化

从风格到品质，汽车都带有深深的地域文化色彩。众所周知，德国拥有世界众多知名汽车品牌，如奔驰、奥迪、保时捷、宝马、大众等。而德国本土的汽车有着"左耳大、右耳小"的设计特点，汽车左侧的后视镜大，而右侧的后视镜会设计得相对小一些。这是因为在德国，行车规则与我国一样，都是"左驾右行"。而且德国交规规定，在公路上只允许左侧超车。所以，左侧后视镜用途会相对更多一些；右侧后视镜只有在人、车密集的路况或是倒车的时候才会用上。这种"左耳大、右耳小"的设计体现了德国人务实的性格和人性化的设计理念。

德国位于欧洲中部，丘陵地带居多、平原较少，星罗棋布的城镇造就复杂的行驶环境。为了适应这样的地理环境，德国汽车的设计有这样几个特点：车身底盘高、转矩大、爬升性能高、操作简单、加速度高，其短距离超车与强大的越野性能都能够适应复杂路况。单从汽车的性能上来讲，德国车以性能优良的发动机领先其他国家，设计上配有超高的压缩比，高马力的发动机比比皆是。在德国，世界闻名的无限速高速公路上经常会有许多名车以超过 200km 的时速飞奔。无限速意味着对制动的超高要求，因此，拥有超强制动系统的德国汽车享誉满全球。在德国，首先要通过视力测试，取得视力合格证明，然后必须参加急救训练课 4h 以上并取得上课证明后，方有资格参加驾照考试。德国驾照考试包括理论和路考两部分，理论考试和我国差异不大，而路考考试与我国有些区别。如果第一次考不过，就需要增加 10h 的训练，再参加第二次考试，其实这种情况是很常见的。但如果出现路考七次没通过，那么将会强制要求做专门的测试。如果专门的测试未通过，那么将永远无缘驾车。

源于文化的影响，德国汽车保持着符合其文化的传统风格，车身线条挺拔且富有质感，车型给人以典雅、低调、沉稳、厚重并深藏不露的感觉；工艺精细、注重细节；讲究实用性与有效性，也讲究整车的可靠性与可维护性。德国制车追求高品质的传统，使德国汽车给人一种实用、坚固、安全的印象。功能性是德国汽车造型设计理念参考的首要条件，既要符合动力学原理，又要适合批量生产的要求，明确设计原则，以安全性、舒适性为设计基本原则，减少不必要的装饰，来提高实用性能。这样的汽车设计风格更务实、更科学、更安全，符合其给人的印象。

而在老牌贵族——坚持传统的英国车这又是另一番风格了。仔细分析劳斯莱斯、宾利等众多英国高端品牌的发展史，就不难看出它独特的特点。英国汽车的风格与英国人的性格一样，绅士、高贵且沉稳、精致，推崇手工打造和原生态自然气息的设计。因此，英国汽车的造型设计保守，更热衷于纯手工打造内饰，车内尽显庄重、奢华、尊贵的风范，外型以三厢车为主。英国汽车经历百年的沉淀，依旧能保持着在汽车行业金字塔顶级的位置，可见英国汽车独到之处。从精选材料到手工细心雕琢，每一辆汽车都堪称艺术品，现在这种复古式的汽车设计依然受到人们的喜爱。

虽然同处于欧洲，但法国汽车与其他邻国的汽车略有不同，它拥有个性十足的品牌：标致、雷诺、雪铁龙。浪漫的法国人，前卫、热情、富有诗意。身处巴黎的人会深深着迷于这个充满文艺气息的都市。法国汽车也不例外，它富有动感、时尚、浪漫的外型设计，使人能够享受这种审美的震撼。法国人认为汽车需要满足不同人群的需求，为适应新一代年轻人的特殊出行方式并快速占领市场，法国在汽车设计上提供了各种鲜艳的配色，这样年轻人能够展现自己的独特性格和生活态度（图5-25）。伴随着时代的进步，法国人将汽车的设计趋向于紧凑型。这种小型汽车不但满足代步的最基本需求，而且有小巧外观和良好的操纵性，还具有娱乐性，无意中也缓解了交通压力。

图5-25 个性汽车

美国拥有通用、福特、克莱斯勒三大汽车公司。美国汽车相比于欧洲的汽车更宽、更长，车身具有舒展流畅和强劲有力的线条。最显著的特点是内部空间大而且舒适，这一特点与美国的地理环境和文化是息息相关的。美国的国土面积近1000万平方千米，能够提供快速移动的工具显得格外重要，美国通过横贯大陆的铁路网从农业时代向工业时代成功转型，遍布全国的州际高速公路网让重工业迅速发展。在此期间，汽车起到了至关重要的作用，在一定意义上，汽车塑造了近代美国文化和发展特色，因而被称为"轮子上的国家"，汽车文化也变相地成为了美国文化的特色之一。美国汽车的主要特点是舒适性、动力性和安全性，还有大排量、大马力的发动机，庞大的汽车车身，稳定的悬挂系统和出色的隔音设计。

## 六、亚洲汽车文化

不同的文化背景下生产出来的汽车具有独特的文化内涵。下面以日韩汽车为例来阐述。

经济、节能环保的日本车，主要包括丰田、本田等。日本是一个国土狭小、资源缺乏、人口密度大的国家，使得日本汽车生产厂家对成本控制非常严格。因此，日本车有较高的经济性。日本汽车非常注重细节，给人的感觉是做工细致。同时，日本车外观亮丽，给人以眼前一亮的感觉。

性价比较高的韩国车，例如大家比较熟悉的现代（图5-26）、起亚、双龙等品牌。大多数购车者在选购汽车时都会给自己制定预算，首要注重的是价格。韩国汽车虽然是汽车制造业的后起之秀，但以售价低廉的策略使自己在世界的汽车舞台上站稳脚跟。日本与韩国的造车理念有所不同，日本汽车的设计侧重经济性，控制成本是关键，而韩国汽车讲究实用性。一般情况下，同等价位或同等车型的韩国车配置会略高于日本车。韩国车在工艺设计上更倾向于欧美的风格，一定要以人为本，把安全放在首位。

图5-26　现代汽车

### 七、崛起中的我国汽车工业

20世纪50年代，我国才拥有自己的民族汽车工业，这与发达汽车工业国家相比晚了近百年的时间。1953年7月，中国第一汽车制造厂在长春动工兴建，1956年生产出我国第一辆载货型"解放"牌汽车。1958年5月，中国第一汽车制造厂自行研制设计生产第一辆小型汽车——东风牌轿车，同年8月，第一汽车制造厂又设计试制成功第一辆红旗牌高级轿车。

1985年，中央在"七五"规划中，把汽车工业列为国家支柱产业。同年，上海大众公司成立，与德国大众合资生产桑塔纳系列轿车，拉开了大量生产轿车的序幕。两年后，政府推出发展轿车工业的战略决策。随着政策的落实，中外合资轿车项目纷纷启动，如一汽大众、二汽雪铁龙、广州本田等，改善了轿车基本空白的局面。我国汽车工业的发展经历了四个历史阶段：艰苦创业、改革开放与改组兼并、汽车产量跨越式增长、稳步发展。

在政府的大力支持下，我国的自主品牌不断壮大，主要的汽车制造厂有中国一汽集团、东风汽车集团、上海汽车集团、长安汽车集团等。汽车工业经过不断发展和壮大，现已经成为世界上最大的汽车制造国之一。我国品牌乘用车在国内有较高的市场占有量，2021年国内的市场份额达到44.1%。在近20年内，我国汽车工业在产销规模、产品开发、汽车市场开拓、对外开放、结构调整及法制化管理等诸多方面都取得了很大成就，产销迅猛增长，市场繁荣兴旺，规模进一步扩大。通过引进技术、合资合作方式，我国汽车工业发展起来，并积累了大量经验、先进技术、专业人才和充足资金。我国的汽车企业实现了从简单模仿到自主开发和创新的转变，多家企业近几年也逐步加强力量开发自主品牌。自主品牌企业通过持续的努力与付出，迅速发展起来，自主品牌与合资品牌的竞争格局基本形成，成为推动我国汽车工业发展的重要力量。自主品牌汽车的质量和性能与同级别的合资品牌性能越来越接近，性价比则超过了合资品牌。我国汽车的主要特点是朴素且精线条，注重实用性，性价比高。

长城汽车哈弗H6（图5-27）从2011年8月上市，累计70个月在我国SUV市场销量中保持着冠军的佳绩。

### 八、未来汽车发展的风向标

能通过车载传感系统感知道路环境、替代人力驾驶是无人驾驶汽车的主要特征，这种智能汽车的人工智能系统可自动规划行车路线，并控制车

图 5-27　哈弗 H6

辆到达指定目的地。无人驾驶汽车能够安全地行驶在道路上离不开智能交通系统提供丰富的道路交通信息。未来，交通运输整体采用智能交通系统会大大减少交通事故发生的概率，且也能够大幅减少道路的交通堵塞问题，提高道路交通系统的效率和安全性；有了成熟的无人驾驶汽车，人们在通行过程中可以工作、学习、娱乐和休息，告别无聊的长途驾驶，提高整体的社会效益。通用公司在 1958 年发布了 Firebird 3 概念车，这种形似现代战斗机的汽车正是 20 世纪 50 年代的自动驾驶汽车。当时的广告语写着：想要坐着放松一下吗？好，设定好想要的速度，然后调成自动导航状态吧。放开手柄，Firebird 3 会自己搞定。

　　从 20 世纪 70 年代开始，美国、英国、德国等发达国家都展开了智能汽车的研发。我国对智能汽车的研究也紧随其后，20 世纪 80 年代，日常生活中汽车还并不多见，我国的智能汽车就已经开启了研究工作。1987 年，在我国的街道上看到的还是人们成群结队骑着自行车时，国防科技大学就已经成功制造出首辆无人驾驶小车。随后，中国一汽公司与国防科技大学合作，先后研制成功红旗 CA7460、红旗 HQ3 等型号的无人驾驶汽车。目前，全球多家汽车公司已为无人驾驶汽车投入了资金并取得了一定成果。

### 1. Uber 无人驾驶汽车（图 5-28）

　　2016 年，著名汽车厂商沃尔沃和最早的打车应用公司 Uber 对外宣布将投入 3 亿美元共同研发无人驾驶汽车。此次，两家公司建立战略合作关系，

图 5-28　Uber 无人驾驶汽车

共同开发实时地图、车辆安全技术、自动驾驶技术。

### 2. 谷歌无人驾驶汽车（图 5-29）

　　与其他无人驾驶汽车制造公司不同的是，谷歌未将精力投入到大批量生产半自动汽车中，而是将目光锁定在研制全自动汽车上，把手动驾驶从汽车行驶方式中完全剔除掉。2014 年，谷歌打造出拥有自主知识产权的全自动无人驾驶原型车。乘客上车后会发现，一个按键取代了原变速箱的位置，乘客只需按下按钮，就可以前往目的地。2016 年 7 月，谷歌无人驾驶报告显示，谷歌无人驾驶汽车累计行驶已超过 180 多万英里。

图 5-29　谷歌无人驾驶汽车

### 3. 丰田无人驾驶汽车（图 5-30）

　　2015 年 11 月，丰田汽车宣布将在美国硅谷建设研发中心，重点研发人工智能技术，要在下个五年计划中向该研发中心投资 10 亿美元。以往对无

图 5-30　丰田无人驾驶汽车

人驾驶汽车的态度一向谨慎的丰田汽车，也将正式进军竞争激烈的无人驾驶汽车领域，将全新地图测绘技术融入无人驾驶汽车中，是丰田汽车研发的重中之重。丰田的思路是要求智能系统提示驾驶员避开危险路况，例如避开行驶中道路的坑洼地带，让司机行车得到安全保障。

### 4. 宝马无人驾驶车

宝马 i3 电动汽车已展示出部分自动驾驶技术，例如自动泊车功能，以及根据信号自动导航寻找驾驶者的自动行驶技术。同时，宝马 7 系列已经添加一些自动驾驶功能，包括车道稳定系统以及侧向碰撞保护系统等。

### 5. 奔驰自动驾驶卡车

2015 年 10 月，奔驰公司研制的无人驾驶卡车成功通过路试，这种卡车首次以半自动的方式在开放的高速公路上行驶。无人驾驶卡车内部配有名为 Highway Pilot 的系统，在这个系统的帮助下，驾驶员可以将汽车的控制权交给卡车的内嵌系统，能缓解长时间疲劳驾驶，降低交通安全隐患。

### 6. 苹果无人驾驶汽车（图 5-31）

自 2014 年开始，苹果公司也一直进行着无人驾驶技术的研究，项目名为泰坦计划，该计划经历了从最初的汽车制造从零开始，到 2016 年将研发重点转移至无人驾驶技术的软件开发上，再到 2019 年对无人驾驶初创公司 Drive.ai 的收购。苹果公司在其整个发展史中，优良的设计、高性能、高品质和高端的定位一直是业界的榜样。可是，这种完美的发展趋势是否依然能在无人驾驶汽车技术中延续，我们将拭目以待。

图 5-31　苹果无人驾驶汽车

### 7. 百度无人驾驶汽车

　　百度 2015 年在无人驾驶汽车上投入超 200 亿，并在长沙试用自动驾驶服务。百度作为我国最大的搜索引擎，是我国三大互联网科技公司之一，可与美国的 Google 媲美。它是我国一个有实力的科技公司，也在人工智能和自动驾驶汽车方面大力投资。百度无人驾驶汽车如图 5-32 所示。

图 5-32　百度无人驾驶汽车

　　还有众多品牌都在致力于研发无人驾驶技术，如福特、本田、现代、标致、雪铁龙等。目前，国内外无人驾驶汽车的研究虽说整体发展迅速，但存在诸多问题，例如不够安全、成本高、无健全的法律规范等；但未来我们必将迎来智慧交通时代，在那个时代，没有驾驶员，更不需要考驾照、没有交通事故、没有交通拥堵、没有停车的烦恼等，需要用车的人只需在手机上设置好上车的时间地点和目的地，即可享受舒适、快捷、安全的旅途。

# 第六节　交通工程的人文情怀

## 一、人文情怀在设计理念中的体现

从古至今，交通运输与人们的生活相互渗透，是人们主观意愿的行为，交通运输应用于生活会大大提高工作效率并减轻劳动力，也可以说交通运输是人们为了改善生活而创造的，交通运输是服务于人类的，所以交通工程的设计理念也依从"以人为本"的主导思想。在作为目的、原则、构思出发点的"以人为本"的指导思想下，交通工程设计理念有以下三个原则：提高速度及效率、具有安全性和舒适性、体现文化特色及个人风格。

提高速度是必然的，也是人们让交通运输参与日常生活的初衷。古时人们发明船只为了更快渡河、骑马是为更快到达目的地。形成地域性交通后，文化与物质交流也蓬勃发展，这时为了能搭载更多人和货物，船只被设计得更大，马匹也变为马车。随着能源的开发利用，蒸汽机大量应用于交通工具上，飞艇、火车、轮船都因采用蒸汽机作为动力而变得更快更大。随后，石油、天然气的价值凸显出来并成为一种高效率的常用能源，这使得使用这些能源的交通运输方式的速度提升到新的台阶。

古时，人们就将马车的车轮或车身刻上代表身份和用途的符号，来用于区别其他车辆和警示他人。中世纪的西方贵族更是在马车上留下家族印记，并用奢华的装饰风格来体现身份的高贵。郑和下西洋时船队的船帆上以"明"字为旗号，象征属国，更彰显国家威严。几乎所有交通设施都需要设计师精心设计颜色、图案以及外型构造。

我国的红旗汽车（图 5-33），融合现代科技与传统文化，融入"山""水"元素的车身前部，展现出"动关流水静观山"的意境，车身前高后低的设计造型寓为国人的昂首挺胸、勇往向前的气势，而车头的红旗标志更是代表我国人民的意志和信念。

针对普通消费者，设计师们更加注重使用者的用车用途、性格特征和驾驶感受。商务车要有庄重、大气、尊贵的气质，纯黑色的高光亮漆就是设计师帮助使用者对外展现实力的最好手段。而跑车的颜色和外型构造不仅为了减小风阻，更是时尚的代名词，显眼的颜色更能释放出驾驶者的青春气息。这些能够表达个人性格、彰显个人品位的设计理念都需要设计者对前沿时尚和大众需求有深入的了解，才能通过设计将其完美地表达出来。

交通工程不单单对交通工具的设计理念有原则要求，交通环境的基本

图5-33　红旗汽车

规划设计理念同样要考虑这几种要素，人们的目的是以交通安全、便利与融入环境为基础，充分节约交通系统的资源，包括时间、空间、能源、经济资源，并对现有和未来建设的交通系统及其设施加以优化设计，寻求最佳的交通运行方案，包括设计构思、创造、优化、组合、整合这一系列工作。

## 二、未来交通发展中的人文情怀

（1）绿色环保设计理念

新能源交通工具的研发和应用体现了人们对大气污染和温室效应等环境问题的重视，也说明了保护环境的坚定信心。未来交通领域的设计方向不光要保护环境，还要融入环境，形成良性循环，建立新的生态系统。

（2）贴合人性化设计理念

无人驾驶、智能导航、实时大数据地图以及智能公路无一不是为人类服务，解决汽车拥堵等交通问题的贴合人性的设计今后必将在交通领域占有一席之地。

（3）展现个性、追求精神升华

不管到何时，交通领域任何设施都需要符号、文字、图案来表示用途、特征、归属及风格。即使出现新的交通方式，也需要表达文化特色和个人风格，所以在外观、色彩、结构上永远都要有合适的设计理念来满足大众提升的精神需求。

## 三、培养创造性思维

首先，创造性思维需要强大的知识储备，读万卷书如行万里路是古人几千年里学习、思考总结的经验。通过学习能够了解世界各地的人文特色，解读设计理念，积攒设计理论知识，保证有足够的文化基础来支撑设计构思。

其次，需要经常参与创新性、发散性的活动和训练。大量参与设计或创新活动，有助于积攒素材，开发思维，激发灵感。发散思维的训练能带来更优的创意与清晰的思路，以多角度的设计理念思考设计方案，为将来在设计工作中捕捉灵感打下坚实基础。

培养创造性设计思维对交通工程领域是非常重要的，众多的优秀设计师和工程师们都应具备这种设计思维。把握基本的设计理念，大胆设想，以科学严谨的态度去小心论证是设计工作者的职业操守。本着当今时代精神赋予我们的历史使命，我们应将创造精神、探索精神、实践精神及理性精神融入交通设计，为未来交通事业的发展献上一分力量。

## 思考题

1. 现代基本交通运输方式包括几类？

2. 最早的水路运输工具是什么？

3. 铁路出现的原因是什么？

4. 汽车外形演变的过程是什么，各有哪些优缺点？

5. 试着说一说我国汽车工业的发展史。

## 第六章

# 信息工程与文化

近几十年来，我们一直在强调人类现在处于信息社会中，现在是信息技术高速发展的时代，一切都靠信息驱动，信息产业也是当前最重要的产业之一。回望历史，我们一直都处于信息技术高速发展的社会中，每一个时期都可以称之为信息社会。未来，随着技术的发展，我们的社会还一样可以称为信息社会。从这个角度来看，人类可以称为"信息动物"。社会发展到今天，信息技术是最重要的推动力之一。

从表面看，人类文明的发展，是以协作模式的发展推动的。人类的协作规模越大，社会发展的速度也就越快。没有大规模的分工协作体系，就没有人类今天的发展速度和文明成果。信息技术的发展，引发一波又一波更大规模的协作。当协作规模达到一个临界点时，就能触发人类技术爆炸式的发展，技术爆炸又会推动人类社会的快速发展，从而推动人类更高层次的大繁荣。

信息作为客观存在，在人类社会的生产和生活中扮演着极其重要的角色。在人类历史的发展长河中，我们已经历经了四次信息革命，目前正在进行的是第五次信息革命。

## 第一节 第一次信息革命

### 一、语言的产生

语言的产生直接推动了人类的第一次信息革命。语言是何时产生以及怎样产生的呢？有学者认为，语言的形成是通过模仿动物的叫声开始的；另有一些学者认为，语言是为了表达某种感情而产生，比如表达悲伤、恐惧、高兴、愤怒；还有一些学者认为，语言起源于歌声。但是在众说纷纭中，只有恩格斯的"语言起源于共同劳动"的假说，百多年来受到非议最少。

关于语言的产生，我们认为恩格斯的假说更有说服力：语言是起源于劳动。人类在劳动的过程中锻炼了双手和大脑，与此同时，也在这个过程中积累了经验、发展了知识。但是工具的制造，光有灵巧的双手和发达的大脑是远远不够的，还必须要拥有足够的经验和知识。但经验与知识的积累和发展，必须要通过信息的传递与交流才能实现，而在当时，用来传播信息的最佳手段只有语言。

语言不仅是人与人之间沟通交流的一种方式，也是人类理解世界、改造世界的有力武器。第一次信息革命中的语言交流，使个人能与大家分享自己积累的经验和所见所闻，让后代能够传承前人留下的文化。正是在这样的环境下，我们的祖先学会了如何钻木生火，如何用药草治病，如何保存食物，如何饲养动物，如何种植粮食，如何崇拜神灵，掌握了"技术含量"很高的制陶、纺织、制铁技术。没有语言的传播，这些变化就不会发生。社会将停止生产，崩溃，不能作为一个社会存在。

## 二、击鼓传令

很多人都玩过这样的一个游戏，击鼓传花：数人围坐一圈，一人背对着大家击鼓，当鼓声停止时，拿到花的那个人要表演节目。击鼓传令（图6-1），是我国最早的军事通信方式，用鼓声来传递军事情报。殷商时期，为了抵御外敌侵略，商王派重兵把守边境，不仅如此，还制作了一面铜制大鼓，直径有2～3m，把它置于高高的架子上，派士兵守候。一旦发现敌情，守鼓的士兵立即敲击大鼓，通过鼓的节奏来传递不同的信息。一站接一站，鼓

图6-1　击鼓传令

声不绝于耳，迅速向帝王报告外敌入侵的紧急军事形势。春秋战国时期，小国众多，这种用鼓声传递信息的方法已经成为作战通信的主要手段，有效地发挥了通信联络的作用，确保各国能够及时共同防御敌人。此外，击鼓也有振奋士气的作用。《左传》中有《曹刿论战》记载："夫战，勇气也。一鼓作气，再而衰，三而竭。彼竭我盈，故克之，夫大国，难测也，惧有伏焉。吾视其辙乱，望其旗靡，故逐之。"这句话的意思是打仗主要靠士气，打鼓是为了鼓舞士气。（敌军）第一次击鼓，士气强；第二次鼓击后，士气已下降；到第三次击鼓时，（敌军）士气已经消失了。但是我军充满了勇气，自然打败了对方。

鼓还可以传递其他信息。如果我们去历史古城旅游，会发现一般都会有"鼓楼"这样的建筑，这是当时放置巨鼓的地方。一般来说，这个位置位于城市的中心和最高的地方，常常用于报时或报警，当鼓声响起时，整个城池都清晰可闻。

### 三、烽火狼烟

在古代，为了及时传递敌人入侵等军事信息，士兵们在烽火台上点燃特殊"燃料"，其燃烧起来烟很大，在远处就能看到。烽火台一个接一个的点燃起来，敌人入侵等消息很快就传开了。

烽火台点燃的烟称为狼烟，用来传递信息、发出警告。"狼烟"一词出现在晚唐文学中。而关于"烽火"，想必大家都听说过"烽火戏诸侯"（图6-2）的故事吧。周幽王为了博得褒姒一笑，点燃烽火台，戏弄了诸侯。褒姒看了果然开心地笑了。周幽王非常高兴，又多次点燃烽火。结果，诸侯们再也不相信烽火，所以他们逐渐不再来了。后来，犬戎攻破镐京，杀了周幽王。幽王的儿子周平王东迁，开始了东周时期。

图6-2 烽火戏诸侯

# 第二节　第二次信息革命

在过去，语言交流是口口相传、声音传递，声音是看不见的，经过几次传输后原始信息会失真。文字的发明和应用可以说是人类信息传播历史上一项重大创新，有了文字后，信息的储存不再依赖于人类有限的记忆，它打破了时间和空间的限制。文字不仅引导人类从"野蛮时代"走向"文明时代"，而且实现了语言交际在时间广度和空间深度上质的飞越。

目前，已出土的文物和文献记录，一再向我们证明了文字不可能是由一个人独立发明创造的，同语言一样，它的形成也需要经历漫长的过程，并且形成的也有多种文字，但它们有一个共同点：都是从原始社会的图画等（图 6-3）演变而来的。原始社会有很多部落，每个部落都有自己的图腾，他们将它刻画在使用的器具上以及身上，以区分与其他部落的不同。一些考古学家认为这些符号便是汉字的雏形。简而言之，文字源于图画。

图 6-3　象形文字

甲骨文（图 6-4），又叫做"契文"，是刻在龟甲或兽骨上的文字。在我国商代晚期为王室占卜所用。这也是我们能看到的最早的成熟汉字。通过

图 6-4　甲骨文

甲骨文我们了解了 5000 年前的文明。

文字不仅可以传播思想，让知识得以传承；还可以使信息"固化"，进行传播。

在第二次信息革命中，文字发生了演变，记录的载体也发生了改变，由沉重的石头、泥板向比较轻的木板、龟壳、竹简（图6-5）再向羊皮、纸张过渡，书写的工具也由从树枝到石刀、铁刀和写字的毛笔转变。这些过渡性的变化，反映出当时的国人在文明传播方面的成就，对于这些，用施拉姆的话说："这是历史上震惊地球的重大事件之一。"

图6-5　竹简

## 第三节　第三次信息革命

文字虽然可以保留语言信息，在此阶段的文化传播主要还是依靠人工来手抄书籍。手抄不仅费时费力，而且还特别容易出现错误，大大阻碍了知识的传播，而且也造成了信息一定程度上的损失。于是，印刷术的发明通常被视为信息传播史上又一座里程碑。印刷术是中国古代四大发明之一，雕版印刷始于隋朝。雕版印刷是将写好字的薄薄的几乎透明的原稿纸的正面和木板相贴，文字就成了繁体，笔画清晰可辨。雕刻工人用雕刻刀将版面没有写字的部分切掉，文字就凸起来了，我们叫它"阳文"，这与碑上的凹字有很大的不同。印刷时，将墨水涂在凸起的字上，然后将纸盖在上面，轻轻地擦拭纸的背面，墨迹就会留在纸上。

在宋代，雕版印刷术达到了顶峰。雕版印刷在文化传播中起到了重要的作用，但也存在着明显的缺点：刻版需要时间和材料，不容易纠正错误的文字。

11世纪，北宋发明家毕昇在总结了历代雕版印刷的经验后，经过反复的试验发明了活字印刷术（图6-6）。活字印刷弥补了雕版印刷的不足，活体单字可拆卸，易存储和保管，极大地提高了印刷的效率，完成了人类信息传播史上的一次重大革命。人类第一次具有了大批量、高速度复制信息的能力。

图6-6 活字印刷术

印刷术不仅在我国大放异彩，对整个世界的文化传播也做出了重要的贡献。日本是继我国之后最早发展印刷技术的国家。在公元8世纪，日本已经可以用雕版印刷的方法来印刷佛经。朝鲜的雕版印刷技术也是从我国引进的。大约14世纪，我国的雕版印刷技术经中亚传到波斯，并从波斯传到埃及。波斯成了我国印刷技术在西方传播的中转站。直到14世纪末，欧洲才出现了用木版雕刻印刷的卡片、圣像和教科书。我国的木版活字技术于14世纪传入韩国和日本。朝鲜人民在木版活字的基础上创造了铜版活字。

印刷术的发明对人类社会的各个领域产生了深远的影响。通过印刷，人类可以更方便准确地保存大量的资料。更重要的是，印刷术可以提供更多的文本复制品。这些复制品可以通过各种方式传播到世界的每个角落，这样世界各地的人就可以通过文字联系在一起，知识在全球范围内的传播通过印刷技术得以实现。

# 第四节　第四次信息革命

语言、文字、纸张和印刷术的发明、发展和完善，促进了人类文明的诞生和发展。信息传播的第四次革命是电报、电话、广播、电视的发明和普及，它进一步突破了信息传播在时间上和空间上的限制。

## 一、电报

在没有发明电报之前，远距离的通信方式有驿送、飞鸽传书、烽火等。驿送是由专门负责的人骑马或其他交通工具将信件送到指定的地点。建立这样一个通信系统，造价是非常昂贵的，首先要建立一个良好的交通网络，其次要配备适当的驿站设施。但是在交通不便的地方，驿送就发挥不了作用了。飞鸽传书的可靠性很低，受天气和路线的限制。烽火在当时只有传递最重要的军事信息才能点燃。用如今的角度来看，这些通信方式的速度都是极其缓慢的。电报（图6-7）的发明是通信史上的一个重要节点，这意味着由时间和空间限制着人类传播信息的时代将一去不复返。电报的发明也是信息革命的核心。

图6-7 电报

18世纪，欧洲的科学家开始钻研电的各种性质。与此同时，人们开始研究用电发送信息。1753年，有位英国人提出用静电来发送电报。他将26个英文字母用26根电线来替代。发电报的一方按照文字顺序对电线施加静电。接收方将小纸条连接到每根电线上。当纸张被静电卷起时，便可以抄录文本。

电报的发明要归功于精通数学和电学的美国画家塞缪尔·莫尔斯。莫尔斯发明电报实属偶然。1825年，莫尔斯接到了一份在华盛顿画画的大合同，离家约有500km。在华盛顿的时候，莫尔斯收到了他父亲的来信，信上说莫尔斯的妻子得了重病。莫尔斯立刻放下手里的工作，匆忙赶回家。但是当他赶到家时，他的妻子已经去世并且已经下葬了。这件事令他深受打击，从此他开始致力于研究一种能够远距离快速通信的方法。

在发送电报时，电磁波将成为信息的载体，通过电技术和编码处理后，进而实现远距离通信。我们经常会在谍战题材的电影里看到这样的场景：发电报时会有嘀嘀嗒嗒的声音，"嘀""嗒"的不同组合表示不同的字母或文字，"嘀"和"嗒"分别对应点和划，其中，点对应的是短脉冲信号，而划对应的是长脉冲信号，这就是莫尔斯码（图6-8）。当对方接收到信号后进行翻译，人们就可以读懂电报里的内容。

图6-8 莫尔斯电码

密码电报就是在电报上设置密码，以防他人窃取重要信息。没有密码本，截取到信号也是没有用的。在当时，密码电报主要应用于军队来传递重要信息。

现如今，全国各地都取消了电报室和电报机，电报逐渐退出了历史舞台。尽管如此，莫尔斯电码在通信史上的地位依然是举足轻重的。

世界各地的文明通过电报第一次无时差地连接为一个整体。这是一场划时代的通讯革命。电报发明后，人类社会步入了信息文明的大门。

## 二、电话

电报传输的是符号。发一份电报，必须在电报发送前对其进行译码，在接收端，这个程序就是相反的，要将接收到的电码翻译成报文，然后交给收件人。这个过程很麻烦，而且不能及时进行双向信息交流。于是，人们又开始寻找一种可以直接传输人类声音的交流方式，这种方式就是后来家喻户晓的"电话"（图6-9）。

说到电话的发明，有许多先驱为此进行了大量的探索。1854年左右，来自法国的鲍萨德和德国的雷

图6-9 电话

伊斯提出，将两个金属片用电线连接起来，当一方说话时，金属片就会产生震动，进而可以转换成电信号，传到另一方。意大利人安东尼奥·梅乌奇对电生理研究十分着迷。大约在 1874 年，他偶然发现了无线电波可以传播声音。他制作了很多种不同样式的设备，他把它们叫做"远程传话筒"，并将其中的几种送到美国西联电报公司，希望西联电报公司可以买下他的这项发明。但是他迟迟没有得到答复，当他要求归还原件时，却被告知设备丢失了！英国科学家亚历山大·贝尔对此也进行了大量的研究，他在实验中发现，线圈会在电流接通和停止时发出噪声，于是贝尔产生了一种想法，就是利用电流的强弱来模拟声音大小的变化，从而通过电流传递声音。基于这样的设想，贝尔同助理沃森特开始了他们的电话设计之路，1875 年 6 月 2 日，贝尔和沃森特对设备进行最后的改进。在一间门窗紧闭的房间里，助理沃森特把耳朵贴在音箱上准备接听，而就在这时贝尔不小心把硫酸溅到了腿上。他痛苦地叫道："沃森特先生，快来帮帮我！"在另一个房间的沃森特通过实验的电话听到了这句话。而就是这样极为普通的一句话被作为第一句通过电话传送的人类声音而载入史册。

电话的诞生从根本上改变了人们的交流方式，距离不再是交谈沟通的障碍。电话的出现开启了通信史上的新篇章。

# 第五节　第五次信息革命

第五次信息革命开始于 20 世纪 60 年代，其标志是电子计算机的普及和应用。

计算机是 20 世纪人类最伟大的发明之一，西方人发明了这种奇妙的运算工具并且为它起了个名字叫"computer"。计算机，从它的命名就可以看出，人类发明它的初衷就是计算用的，它是计数工具。

## 一、指算

从远古时代，人类社会形成的初期，人就避免不了要和数字打交道。计数，在计数工具的帮助下才不容易出错。什么是人类最原始的计数工具呢？——没错！是我们的双手（图 6-10）！

图 6-10　手指计数

起初，人们用一根手指表示一、两根手指表示二来"一五一十"地计数。我们现在用的十进制就是源自我们的双手。由于人类文明发展的不平衡，在澳大利亚的原始森林中至今还有停滞于这种发展水平的原始部落。他们一般人只知道一、二、三。即使部落中的"聪明人"，最多也只知道四和五。再多，他们就不知道了，一概称之为"很多很多"。这其实就是人类远古状态的再现，可以看作是"活化石"。

## 二、结绳计数

用手指计数固然很方便，可是不能长时间保留，双手还得干活！于是我们的祖先又创造了一些更为牢靠的计数方法。结绳计数（图6-11）就是华夏祖先较早的一种创造。在世界各地区，几乎都有过结绳计数的历史。

图6-11　结绳计数

一些没有使用文字的少数民族，还保留着结绳的习惯。例如双方辩论说理时，每个人手里拿着一根绳子，每说出一个道理，便在自己的绳子上打一个结，辩论下来，谁的绳子结多，便算谁胜。

## 三、算筹

我国春秋时期出现的算筹（图6-12）是世界上最古老的计算工具。古代的算筹通常用竹子做成，也有用兽骨、象牙、木头、金属等材料制成的。它们是一根根同样粗细和长短的小棍，一般长为13cm左右，径粗在0.2cm左右。随着时间的推移，算筹的长度逐渐变短，截面也从单一的圆形变成三角形或者方形。古人用这些小棍来区别我们常见的九个数，比如用一根小棍表示 1，如果大于 5（比如 6），就将一根小棍横过来放在上面表示 5，另一根小棍仍然竖放在下面表示 1，这样加起来就是所要表示的数。这种表示法又分为横式和纵式，以便区别不同位上的数字。另外人们以红黑来区别正负数，用红色代表正数，用黑色代表负数。这样可以很好地解决方程中遇到的负数问题。我国古代著名的数学家祖冲之就是靠算筹总结出圆周率的值，而古代的天文学家也是靠这种算筹总结出精密的天文历法。这种运算工具和运算方法，当时在世界上是独一无二的。

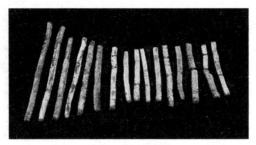

图 6-12　算筹

## 四、算盘

算盘（图 6-13）到底是由谁发明的，到如今仍是众说纷纭，但它很早就被使用了。据说东汉末年的数学家徐岳是算盘的发明者。在他的著作《数学纪遗》中有这样的记载："珠算控带四时，经纬三才。"可见东汉时期就已经出现算盘。黄河流域、尼罗河流域、印度河流域和幼发拉底河流域被誉为世界文明的四大发源地，先后都出现过不同形制的算盘，只有我国的算盘一直沿用至今。算盘的功能在于计数和运算。我国古代以十进制计数，这一方法确定了满十进一的计数规则，通过拨动算珠进行运算：上珠每珠当五，下珠每珠当一，每一档可当作一个数位。打算盘必须记住一套口诀，口诀相当于算盘的"软件"。

图 6-13　算盘

20世纪50年代，我国开始研制原子弹。当时我国只有两台104计算机，承担了大量复杂繁重的计算工作。由于大量数据无法及时计算，整个研制过程处于停滞状态。科学家使用手工计算器、算盘和计算尺进行计算。因此算盘有了一个称号——"超级计算机"。

可见，算盘不仅帮助我国古代数学家取得了不少重大的科技成果，在人类计算现代史上也具有重要的地位。算盘看似弱小，实际上却蕴藏着巨大的能量。

## 五、帕斯卡加法器

布莱士·帕斯卡（图6-14）于1623年出生在法国，3岁时失去了母亲，由他父亲将他带大。他的父亲是名税务官，每天都要计算税款税率，十分辛苦。年少的帕斯卡很想帮父亲做点事情来减轻负担，于是，他想到制作一台可以计算的机器。19岁那年，他制作出一台能自动进位的加减法计算装置——滚轮式加法器，这台机器被称为世界上第一台数字计算器，这台机器的发明也为以后的计算机设计奠定了基础。

图6-14　帕斯卡

这台计算器是由一系列齿轮组成的机械装置。它有6个轮子，分别代表着个、十、百、千、万、十万，原理和手表十分相似，只有用钥匙拧紧发条后才能转动，顺时针方向拨动轮子，就可以进行加法计算，逆时针方向拨动轮子进行减法计算。

为了解决进位的问题，帕斯卡采用了一种小爪子式的棘轮装置。随着定位齿轮转向9，棘轮逐渐上升；一旦齿轮转到0，棘爪就会落下，推动十位数的齿轮前进一档。

## 六、莱布尼茨乘法机

德国有一位青年，在帕斯卡亲自撰写的关于加法计算机的论文的启发下，于1674年制造出一台更完美的机械计算机，它可以连续不断地进行运算。这一位就是德国的数学家戈特弗里德·威廉·莱布尼茨（图6-15），

图6-15　莱布尼茨

他被《大英百科全书》称为"西方文明最伟大的人物之一"。莱布尼茨的计算机，可以进行加、减、乘、除四则运算，为后来的手摇计算机铺平了道路。

大约在公元 1700 年，莱布尼茨偶然之下发明了二进制数。莱布尼茨的一位朋友送给他一幅从中国带来的图画——"八卦"。他对八卦图十分感兴趣，他仔细观察每一卦象，并把这八种卦象进行排列组合。在八卦的启示下他提出了二进制的计算法则，在他眼里，"阴"和"阳"就是中国版的二进制数。在这之后，更多的科学家、工程师们开始关注研发计算机，为进一步完善计算机提出了很多新的想法，也做出了不同程度的贡献。

## 七、巴贝奇差分机

在现如今出版的很多计算机相关的书籍里，都有查尔斯·巴贝奇（图 6-16）的照片：宽阔的额头，狭长的嘴巴，锐利的目光，一副深思熟虑极具思想的学者的形象。

巴贝奇是一位银行家的儿子，父亲去世后他继承了一笔数目相当可观的遗产，他没有去挥霍而是把所有的钱都投入到了科学研究上。巴贝奇花了十年的时间终于在 1822 年制作成了第一台差分机，它可以处理 3 个不同的五位数，精确到小数点后 6 位，并且可以计算多种函数表。受到成功的激励，巴

图 6-16　巴贝奇

贝奇连夜写信给英国皇家学会，要求政府资助建造第二台差分机，精度可以达到 20 位小数。

第二台差分机大约设计有 25000 个零件，主要零件的误差不能超过千分之一每英寸。就算把这些零件拿到技术和加工设备发达的今天来加工，要制造出来也绝非易事。第二台差分机最终没能制造出来。巴贝奇失败了，因为他看得太远了，这台差分机的设想远远地超出了他们所处的年代。然而，他却给计算机行业的后辈们留下了宝贵的遗产——30 种不同的设计，近 2100 张装配图和 50000 幅零件图，最为珍贵的是那种在逆境中百折不挠、为了理想而努力奋斗、拼搏的精神！ 1871 年，这位为计算机事业奉献一生的先驱终于闭上了眼睛。

1946 年初，世界第一台电子数字计算机埃尼阿克（ENIAC）（图 6-17）在美国费城诞生。它的诞生，宣告了人类从此进入电子计算机时代。

ENIAC 长 30.48m，宽 6m，高 2.4m，重约 30t，占地面积约为 170m²，相当于十个普通房间的大小，内部约有 18000 个电子管，每秒可以进行

5000 次加法或 400 次乘法、平方、立方、正弦和余弦运算，是使用继电器运转的机电式计算机的 1000 倍、手工计算的 20 万倍。

图 6-17　ENIAC

　　1982 年，美国时代周刊把一台个人电脑选为"年度风云人物"，从此电脑成为一种和人类生活密切相关的信息机器，软件的加入把电脑的使用权还给了普通大众，这是一场革命，类似于马丁路德宗教改革中的平装本圣经摧毁了修道院和教堂的那些神秘的手抄本。因特网的兴起，更是空前地加速了信息技术的应用和渗透，掀起了全球的信息化热潮。

　　信息原本就是一种无形、抽象的东西，必须以各类媒介为载体，以具体化的形式将其呈现出来。图形、文字、语言等是人类文明产生以来的呈现信息的主要表现形式。

　　如今，伴随着多媒体计算机的出现，人们可以将文本、声音、图像、动画等综合起来，使信息的表现方式更加丰富多彩，更加贴合人们的使用习惯，让信息发挥更大的作用和影响。

## 第六节　信息技术的影响

　　目前，我们所处的时代正是计算机与现代通信技术相结合的第五次信息革命时代。20 世纪 60 年代后，电子计算机技术与通信技术的迅速结合，大大地提高了信息传输和存储的质量和速度，基本实现了信息传输、存储、处理以及利用的一体化和自动化。第五次信息革命给人类社会的各个领域带来了翻天覆地的变化和深远的影响，这将远远超过历史上任何一次信息革命。它标志着人类社会从此告别工业社会，进入信息社会。而互联网的加入则更是如虎添翼。互联网技术最大的价值在于它不仅继承了无线电和电视技术的优点，还在于它让信息传播变成实时双向交互。打破了时空限制，打破了信息量小、承担不足的限制，打破了媒体形式单一的限制，也打破了无法交互的限制。这是人类历史上信息传播最大的解放。

## 一、信息技术的革新消除了信息壁垒

### 1. 购物

伴随着互联网的飞速发展以及云计算的大规模使用，如雨后春笋般出现的电子商务交易购物平台给人们的生活带来了翻天覆地的变化（图6-18），人们足不出户便可以货比千家。仅仅动动手指，货物就会很快上门。电费、水费等各种生活缴费，也可以通过互联网，实现网上支付。

图 6-18 网上购物

### 2. 工作方式

计算机的普及和数字化办公系统的开发应用，打破了传统办公的框架，使得办公地点不受局限，在家办公、旅游办公成为现实，极大地提高了工作效率（图6-19）。政府提倡开发的电子政务工程既增加了工作透明度，方便群众监督，又提供了窗口化工作方式，便利处理群众诉求。

图6-19　网上办公

### 3.教育方式

随着通信现代化进程加快，视频通信越来越普遍，以远程教学为手段的互联网教育（图6-20）呈现飞速发展的趋势。在新冠肺炎疫情席卷全球之时，音视频软件解了线下教育的燃眉之急。没有聚集传染的风险，又能跟随老师同步学习知识。同时，互联网教育也有利于偏远地区发展教育，教育资源可以走出大城市。另外，传统教育方式正在逐步被多媒体教育方式所替代，趣味性的多媒体教育方式更能调动学生学习的积极性。

图6-20　互联网教育

### 4.休闲娱乐

通过现代通信技术，人们大大增加了获取信息的途径。多种多样的网络游戏、手游等不仅受青少年群体所喜爱，部分中老年人也加入其中。各种媒体的各类新闻信息实时播报充斥荧屏，颠覆了人们传统的休闲方式（图6-21）。

### 5. 人际关系

信息技术的发展也在改变着人与人之间的沟通方式，沟通变得多样化，不再是传统的走家串门式交流，而是可以通过无形的"网"同远隔万里的亲朋好友相互问候。时至今日，交际也不再局限于认识的人，一张照片、一篇生活随笔也可以出现在世界的另一端，获得一片点"赞"（图6-22）。

不难看出，信息技术的广泛应用，使社会各方面、各领域发生了巨大的改变，它加快了社会生产力的发展，也提高了人们的生活质量。信息技术的发展把世界变成了一个地球村。如今，人们可以及时分享社会进步的成果，这不仅促进了不同国家和民族之间的文化交流和学习，也使文化更加开放和普及。

图6-21 娱乐

图6-22 交友方式

## 二、信息技术的革新带来的负面影响

在科技时代的今天，信息技术的飞速发展给人类带来了便利，我们在享受这些便利的同时，也在承受着它为我们的生活带来的一些困扰。

### 1. 人际关系冷漠

在我国的传统文化观念中，有一条社会生活中的公认法则那就是"远亲不如近邻"，这种邻里间的关系在道德层面上所产生的功能是互联网做不到的。在生活中，人们用数字化通信取代了面对面的直接交流，使交流丧失了直观的体验，冰冷的通信工具在提高交往效率的同时也减少了交往的成本，但是却拉开了人与人心灵上的距离，造成了人们的人际关系冷漠。

### 2. 网络暴力

网络暴力是暴力的一种形式，不同于现实中的肢体冲突，网络暴力是指通过网络途径散发有伤害性的、侮辱性的、煽动性的评论、图片、视频等行为。网络暴力会损害当事人的名誉，它已经突破了道德底线，往往伴随而来的是侵权等违法犯罪行为，迫切需要用教育、道德约束、法律等手段加以规范。网络暴力是网民在网络上的暴力行为，是社会暴力在网络上的延伸。网民要想获得自由表达的权利，还应承担起维护网络文明和道德的使命。

### 3. 网络安全

在当今大数据盛行的时代，我们的隐私安全更是受到威胁，许多应用程序，在安装使用的过程都要求使用者同意授权并访问使用者的地理位置、相册、通讯录等。平时不经意间在公共社交平台上对自己个人信息、地理位置的暴露，以及参与各种平台的抽奖、推销留下的手机号、姓名，都使得信息可能泄露。

 思考题

1. 信息技术经历了哪些阶段？
2. 你怎么看待"人肉搜索"？
3. 作为学生的我们怎样对待网络？

## 第七章

# 电气工程与文化

　　电气是现代科技的核心技术之一，电气工程已经在各工程领域中占据重要的地位。从电的发现到电的转换和传输，从电气时代的重要发明到今天的高科技产品，无不体现着电气技术在现代社会中的重要作用。

　　本章以电气简史作为开始，简要阐述了电气工程中重要的历史事件及其对当今社会的影响，通过基础电气工程，重现电气技术发展过程，展现电气工程发展的前因后果及现代科技发展的重要基础技术等。科技进步离不开跨时代的电气产品，本章通过电气工程里的经典之作重现科技生活的前世今生，阐述这些经典之作对社会进步和科技发展的重要作用。电气工程对我们的生产生活有两个方面的影响：对发展有力的积极影响和对发展有害的消极影响，我们要发挥它的积极作用，避免消极后果的出现。电气工程与科学精神密不可分，电气工程只有坚持可持续发展的路线才能引领工程师和技术人员做出正确的选择，使工程项目安全规范地完成，塑造电气人的职业精神。

## 第一节　电气简史

### 一、电及电气的概念

　　电不是被发明出来的，它是存在于自然界的一种现象，我们熟悉的摩擦起电和雷雨天的雷电都是电的不同表现形式。电一般指电荷运动所带来的现象。初中物理课本上给出了关于电的若干概念，如电荷、电流方向、电压、电阻等。从这些基本概念中，我们掌握了电的基本属性和基本规律，并逐渐学习它，利用它，使之服务于相关工程和技术。

电有静止状态和运动状态，当然一般说的是电荷，不同状态有不同的物理现象。除了上面谈到的摩擦起电和雷电外，在现实生活中，我们随处可见电的存在，公路上的汽车里有供电的蓄电池、工厂里有电驱动旋转的电机、水下有输送电能的水下电缆，还有可以防止静电感应现象（图7-1）的特质服装，等等。

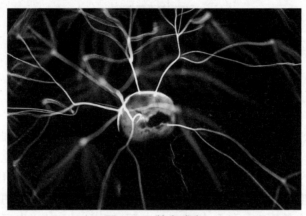

图 7-1　静电感应

在认知电之前，人类就已经知道了一些有关电的事情。如有一种鱼能够发出电击从而击退敌人保护自己，古老的埃及书籍中就记载了这种鱼，这种鱼有一个特别的名字叫做"尼罗河的雷使者"；有一位杰出的古罗马医生在他的书中写到过这样的事情，痛风病人和一般头痛的病人通过用手触摸电鳐，电鳐身体发出强有力的电击，作用在病人身上，也许对治疗这些疾病有积极的效果；我们还能找到的一个关于电的文字记载出自地中海区域古老的典籍，典籍中记录，如果将猫的皮毛和琥珀这种材料相互摩擦，琥珀就会吸引像碎纸片之类的很轻的物体，这一现象让人们百思不得其解；我们还了解到，古希腊的哲学家泰勒斯曾经做过一系列关于静电的科学实验并得出结论：摩擦这种动作能够让琥珀具有某种磁性，也就是使其磁化，并且这种现象和天然磁铁的性能不同，今天我们知道了电和磁的关系，但古希腊的泰勒斯也许在当时就揭示了电和磁的某种联系，但是由于科学知识的限制和认知并没有得到很好的发展。

"电气"一词由"电"和"气"组成。"电"就是我们之前谈过的电的概念，而"气"的含义就不同了，"气"来源于压缩空气，指的是现代能源驱动方式中的气压传动的概念。很多人认为"气"来源于第一次工业革命。因为瓦特改良的蒸汽机造就了第一次工业革命，正是因为"蒸汽"的驱动，才使得第一次工业革命迅速发展。"蒸汽"中的"汽"同"气",所以认为"电气工程"中的"气"来源于第一次工业革命。在现代工业自动化中,能够为设备提供的传动方式主要有电力传动、气压传动和液压传动三种形式。而电力传动和气压传动是目前工业领域使用最为广泛的两种传动方式。所以人们以"电气"为名泛指能量来源并一直沿用至今。

现代社会中,我们认为电气是覆盖包括电力、电能、电气设备以及相关电气技术,以实现、加强与改善限定空间和环境为目的的一门科学,它包含电能的制造、传输、转换和利用等多个方面,同时其研究的领域包括基础理论、应用技术、设施设备等。电气工程在现代科技领域以及现代学科领域中都处于重要的甚至核心的层次。因此电气工程在当今社会的重要性不言而喻。

## 二、电气工程发展与人类社会的关系

电气工程是人类社会不可缺少的部分,也是当今世界先进技术的重要核心,是人类高效生活和工作的重要支撑。无论电灯电话还是航天飞机都离不开电气工程。电气技术产品既可以做复杂的动作,如医疗手术机器人等(图 7-2),也可以做细致的思考(如超级计算机等)。

图 7-2　医疗机器人

回想电气工程及电气技术的发展史,无不与人类探索未知、谋求创新息息相关。在电气工程经历的百余年的发展历程中,人类都是一点一滴积累经验,在一个又一个的科学实验中获得收获。爱迪生发明电灯的故事我们从小就耳熟能详。电灯的发明为人类社会带来了光明,结束了用煤油、蜡烛等来照明的时代。从技术的角度讲,爱迪生并不是第一个发明电灯的人,但他却是第一个把电灯真正商业化的发明家。爱迪生和他的科研团队先后尝试了 1600 多种耐热材料,这是前人从来没有尝试过的。他们较早时实验过碳丝,但由于当时没有考虑碳丝高温时容易氧化的因素,实验没有成功。团队还实验了贵金属铂金,它几乎不会氧化,但是铂金非常昂贵,这样的灯泡根本无法商业化。不过在大量的实验过程中，他们发现将灯泡抽成真空后，可以防止灯丝氧化。这标志着爱迪生及他的团队找到了灯丝被烧断的另一个重要原因。通过总结，爱迪生又把实验对象重新换回碳丝，制成了第一个造价便宜的电灯泡，通过测试，这款灯泡工作了40多个小时后，碳丝还是断裂了，找到思路的爱迪生顺着这个想法继续实验下去，也正是由于他的坚持和不懈努力，最终找到了更合适的材料：钨丝。这一发明也一直影响着我们今天的生活。总结爱迪生发明白炽灯的整个流程，我们不难发现，爱迪生的优秀之处，是他善于总结失败的经验和教训，并从中找到正确的方向，不断改进并创新自己的设计。实践是检验真理的唯一标准，爱迪生勇于探索未知的实验精神正是造就白炽灯这一发明的内在原因。

电气工程的发展极大地促进了社会发展与科技进步。从最开始电磁波被发现，进而电报机被发明出来，通信行业有了质的飞越，信息的传输效率和传输距离得到极大的提高。随着电气技术的发展，电话被发明出来，虽在千里之外，却能耳闻其声，如在近前。这一发明，让神话中的"顺风耳"得以实现，信息传播从文字过渡到声音。今天我们有了电视、智能手机和5G网络，通信已经不仅仅局限在文字和声音，而是扩展到了图片和视频，乃至味觉和触觉，电气工程及相关技术在这让人不可思议的科技变革中意义非凡。

电气工程加快了人类社会城市化发展进程。汽车的出现结束了人类长期以来以马车出行的历史。汽车这个发明让人类出行的距离一次次打破原有的纪录，延绵不断的公路取代了泥泞的土路，人类社会的行动范围变得越来越大，这极大地促进了城市化发展的进程。今天在快速城市化进程中，要打造绿色出行环境，我们开上了电动汽车（图7-3）。这一个重要的创新，采用更清洁的能源，让城市里的环境变得更好。电气工程为这个伟大的改变提供了技术基础和源源不断的驱动力。

图7-3　电动汽车

电气工程改变了人类社会农业生产方式。从远古时代开始，中华儿女就开始了靠天吃饭的农业生产。从最基本的耕地翻土农具耒耜到后来的曲辕犁，从商周时期的青铜铲到水力灌溉工具龙骨车，都用手工的方式传递了几千年中华民族悠久的农业发展史。今天，我们用电气技术改写了这一历史：广漠无垠的东北平原上自动化的工业联合收割机（图7-4）齐头并进；高效的粮食生产在计算机的控制下有条不紊；人工智能的喷洒农药机器人自动规划喷洒路线，优雅潇洒。这一切都离不开电气工程的进步和发展。

图7-4　联合收割机

电气工程改善了人类社会的生活方式和家庭生活质量。电灯被发明之前，黑夜里难有工作和生活的气息，西汉匡衡凿壁借光，夜晚的学习成为奢侈；电灯被发明之后，我们可以在灯光之下，购物工作、画画写字。古人用结绳记事，用算盘计算，如今，我们用计算机服务我们的生活和工作。过去我们用扫帚清理房间，现在我们可以用扫地机器人（图7-5）无死角地自动对房间进行清扫。电气工程对人类社会生活方式的改善具有不可磨灭的贡献，人们的幸福指数和家庭的生活质量的提高，乃至国民经济的快速发展，都得益于现代电气技术及电气工程的存在。

图7-5　扫地机器人

电气工程的发展与人类社会是密不可分的。它是一个国家发展的重要基石，也是大家共同研究的目标，从民用到军事，从学习到工作，从家庭到单位，无不与电气工程息息相关。所以学习了解电气工程对于了解人类社会的发展具有重要的意义。

### 三、电气工程发展史的重要历史时刻

电气技术和电气工程经历了漫长的发展过程。我们要了解并学习电气工程的发展脉络和重要的历史事件。

引导第二次工业革命的能量形式就是电力，从第二次工业革命开始直至今天，电力彻底改变了人类的历史，并一次次实现了过去不可能实现的"神话"。纵观历次工业革命，我们不难发现，其实革命的本质都是能源转换，所不同的是效率、成本、体积等因素，电除了作为动力使用外，还有一个重要功能，就是用于信息的传输，电报、无线电以及电话、电视的发明，让人类的通信方式和通信手段有了革命性的提升，从"八百里加急"的畜力报信，到现在的短信、微信、QQ等手机应用程序，信息传递经历了一个漫长并且惊人的发展过程。那么在电气工程发展的历史上，我们要回答下面几个问题：电是如何被发现并使用的呢？我们从中又能得到哪些启示呢？我们回顾一下电气发展史中四个伟大的历史时刻，一起解读人类认识电的历程和改造电的经典时刻。

第一个历史时刻，科技革命的种子——电的发现。

我们通常会把雷声和闪电统称为雷电（图7-6）。在古代，雷电离我们似乎一直很遥远，前面谈到的古希腊哲学家泰勒斯发现静电现象是公元前7世纪到6世纪，在我国的古代文献记载中，北宋科学家沈括编写的科学著作《梦溪笔谈》，也详细地对静电现象进行了说明和阐述。后来，人们通过实验发现玻璃和丝绸相互摩擦同样能产生电。对于电的性质，很早我们就发现玻璃上的电荷和琥珀上的电荷性质正好相反，所以才有了琥珀电和玻璃电之分。

图7-6　雷电

　　人类自从认识电后，就对它产生了极大的兴趣，于是科学家们就想办法通过收集电进行研究，那么问题来了，用什么容器来装"电"呢？莱顿瓶的发明解决了这一难题。它是用锡箔纸在玻璃瓶内外各包上一层，瓶塞是绝缘的，保证内外锡箔纸之间不会漏电，从瓶塞中插进去一根金属棒，并和瓶子内测的锡箔纸导通，以方便输入和取出电量。莱顿瓶的原理和现代电子器件电容器（图7-7）的原理相似，两个锡箔是电容器的两级，而玻璃瓶本身就是电容器介质。可以说莱顿瓶作为储存电能的原始装置，开启了电学实验的序曲，它可以存储能量的属性，被越来越多的科学家们所喜欢，并促进了早期基础的电学研究。可以说，莱顿瓶的出现打开了人们对电本质及特性研究的探索之门。

图7-7　电路中的电容器

　　对静电研究开始之后，科学家们一直有个疑问，雷雨天气出现的雷电和地上的静电是否有联系？如果有关系，那么两者之间到底有什么联系？电的本质究竟是什么呢？本杰明·富兰克林是历史上第一个揭示电的本质的人。关于富兰克林，我们都知道他是美国开国功臣之一，同时也是著名政治家，除了这些身份外，他在科技界还是鼎鼎有名的科学家，他对电学的贡献是历史性的。法国经济学家杜尔哥与富兰克林处在同一时代，他评价富兰克林："他从苍天处取得闪电，从暴君处取得民权。"这样的评价足以表明他的科学贡献之伟大。历史上著名的收集闪电能量的风筝实验就是富兰克林所做。

　　风筝实验发生在1752年，富兰克林通过和风筝连在一起的铁丝，在雷雨天成功地把雷电引入莱顿瓶临时储存，后来他用莱顿瓶里存储的雷电开展了多种电学实验，最终得出静电和雷电具有相同性质的结论。富兰克林因风筝实验的成功而在全世界科学界里成为焦点人物，掀起了一场"取电"的实验大潮。1753年，俄国著名电学家利赫曼为了复现富兰克林的风筝实验，于 1753 年不幸被雷电击死，这是第一个历史上做电学实验牺牲的科学家。后来富兰克林经过多次试验，研制成功了避雷针。避雷针的使用对大型建筑物特别是著名建筑物的保护有重要意义。我国的故宫、长城等著名建筑物（图 7-8）都大面积安装了避雷针。

图 7-8　古建筑屋顶安装的避雷针

富兰克林在电学上的贡献不只是靠一个实验，而是一系列在电学理论上的贡献：

（1）确定了电的单向流动（先前认为是双向流动）的属性，并且定义了电流、正负电等多个电学名词；

（2）合理解释了摩擦生电的现象；

（3）提出了电量守恒定律。

富兰克林在电学上的贡献，与他年轻时代大量的阅读和学习是密不可分的，他做任何科学实验都按照严谨的、系统的、科学的实验方法去执行。相比于富兰克林发现了电的本质，开启了一个电学的新时代，他不怕牺牲、勇于创新的科学精神更值得我们学习和践行。

人类发现并了解了电的本质，下一步，我们就要对电进行改造并加以利用，首先要解决的问题就是如何获得电并把电完好地储存起来，这就有了电池的发明。

这是电气发展史上的第二个历史时刻，能量的汇集——电的存储。

电池（图 7-9）是现代社会必不可少的储能装置，它方便、便宜，体积小巧，那么最开始的电池是谁发明的呢？我们知道电学实验靠摩擦生电显然是不够的，而利用雷电进行电的存储不仅不安全，

图 7-9　电池

而且直到今天都没有实现。但一个特别的想法使电的存储技术有了质的飞跃。这个想法出自意大利物理学家伏特。1800年，他把6个特制的电池组件串联起来，组成了一个特殊的供电装置，这个装置可以提供超过4V的电压。在现代社会4V电压很容易获取，但在当时的科技水平下，特别是与之前莱顿瓶中存储的少得可怜的电量相比，伏特发明的电池已经能够为很多的实验提供充足的电能了，从而为电气技术的研究和发展提供了技术支持。当时意大利正处在四分五裂的状态，大部分领土属于拿破仑帝国，1800年，伏特在巴黎被拿破仑接见，归功于他对电学的贡献，被封为伯爵，而且获得了一大笔奖金。从那时起，"伏特"这个名词就被作为电压单位，一直沿用至今。

电池的发明对于电气工程的发展意义非凡。首先，电池的发明使得电的取得变成非常方便，直接促进了后来的各种电气设备和装置的诞生；其次，电池的发明开启了电气技术快速发展的时代。我们今天这个时代的电气技术，得益于伏特发明的电池及后续的发展，这个发明带动了后续电气相关研究特别是存储技术的迅速发展，伏特电池可以移动的属性和它灵活方便的使用特性催生了大量电学实验，其中，利用电磁感应原理的电动机和发电机的研发也得益于它，可以说，伏特的电池想法改变了人类社会的发展进程。

科学家们自从使用伏特电池后，便开始了大量的电气方面的研究工作。但是想要利用电池提供的电能代替水和煤炭等能源，在当时是不现实的。科学家们非常想要了解的是我们应该如何利用电能？后来证明影响现代电气发展的两个重要发明：发电机和电动机就是这个问题的解决办法。而这两个重要发明都基于电磁学理论，因此电磁原理的学习和发展是研究发电机和电动机的重要前提。

这就是电气发展史上第三个历史时刻，电气科学的根基——电磁理论。

人们很早就已经认识了磁和电，但没有人能说清二者之间到底是什么关系，后来丹麦物理学家汉斯·奥斯特对电流的磁效应有了重要认识，这一发现逐渐演化成了电动机（图7-10）的工作原理。不过把电和磁紧密结合在一起并进行定量研究的则是法国著名物理学家安培。安培的多个著名实验依据的都是奥斯特的基础研究理论，通过复现这些实验以及大量的思考，安培提出了很多著名的电磁学定律，我们熟知的安培右手螺旋定则就是这个时候提出的。安培提出的分子电流假设直接影响了电动力学的出现和发展。安培除了是一个出色的科学家之外，他还是一个发明家。我们所熟知的电流表也是安培发明的。安培在电磁理论领域的研究工作，为之后几十年电磁学的发展提供了宝贵且重要的基础，乃至为后来利用电磁效应发电提供了理论依据。电学史上另一位著名理论物理学家麦克斯韦称安培的研究是"科学史上最辉煌的成就之一"。

图 7-10　电动机

　　法拉第在自己的实验中发现磁可以生电，也就是我们在高中物理课中学到的"磁场的变化产生电场"的理论，并且提炼成法拉第电磁感应定律。这个定律为后来发电机（图 7-11）的出现提供了理论基础。为了方便后人理解磁场，法拉第提出了磁力线的概念。法拉第还发现，电磁力不仅存在于导体中，而且存在于导体附近的空间里，不过这个想法当时并不被世人所接受。

图 7-11　风力发电机

　　法拉第没有上过大学，缺乏必要的数学基础，没有及时总结提炼出实验中的规律和法则，这一点他和牛顿等人无法比较，但他对电学的贡献不可小觑。后来，麦克斯韦等人结合法拉第的研究成果建立了现代的电磁学理论。

　　接下来让我们把目光转移到这位善于整合资源的英国物理学家麦克斯

韦身上。麦克斯韦用数学的逻辑语言将安培、法拉第和亨利等人的电磁学理论进行整理归纳，创造性地提出了一整套关于电、磁和光的数学表达形式，即著名的麦克斯韦方程组（图7-12）。麦克斯韦是电磁学理论的集大成者，他是著名的理论物理学家。爱因斯坦称赞麦克斯韦是对20世纪最有影响力的19世纪物理学家。可以说，没有麦克斯韦的成就就不会有现代电气科技，更不会有今天的科技生活。

$$\nabla \cdot E = \frac{\rho}{\varepsilon_0}$$

$$\nabla \cdot B = 0$$

$$\nabla \times E = -\frac{\partial B}{\partial t}$$

$$\nabla \times B = \mu_0 J + \mu_0 \varepsilon_0 \frac{\partial E}{\partial t}$$

图 7-12　麦克斯韦方程组

电学和电气工程的出现和发展与人类在过去几千年里认识事物的方法截然不同。在近代以前，特别是奴隶社会和封建社会中，人们都是通过实践经验生产及改造工具，从而获得相关技术和方法，最后通过这些总结出科学内容。而从近代以来，人类对电的认识是通过假说来解释自然现象，也就是我们之前谈到的富兰克林时代，继而通过实验来筛选假说，去伪存真，然后从实验直接上升到理论，如安培、亨利、法拉第和麦克斯韦等人的工作，最后在理论的指导下做出产品，如发电机和电动机等。

从富兰克林科学的研究方法和勇敢的探索精神，到安培、法拉第和麦克斯韦等人独特的创新意识和严谨的治学态度，无不证明科学的进步离不开高品质的科学精神。电气时代经历了电的发现到电能的存储，之后又经历了系统的电磁理论研究阶段，这些都是电气时代发展的重要基础，那么什么才是推动电气发展的真正原因呢？接下来，我们一起进入电气发展史上第四个历史时刻，电气时代开启的钥匙——直流电和交流电。为什么说直流电和交流电是开启电气时代的钥匙呢？要了解这个问题，我们还要从两个人开始说起，他们就是爱迪生和特斯拉。

爱迪生对当今世界的影响不仅是他发明了电灯，而是因为他和他的团队从生活需求出发，从电气技术的底层技术出发，发明出了众多令世界惊叹的作品。爱迪生可以说是确确实实的发明达人，他一生拥有两千多项发明，授权的专利一千多项，很多发明时至今日，仍然影响深远，如电灯、留声机（图7-13）、电影摄影机（图7-14）等。美国权威期刊《大西洋月刊》评价爱迪生为影响美国的100位人物第9名。

图 7-13　留声机　　　　　　　　　图 7-14　电影摄影机

儿时的爱迪生生活在一个并不富裕的家庭里，由于个人身体原因，被学校撵出校门，爱迪生只读了三个月的小学就退学了。但我们知道爱迪生是一位伟大的发明家，他连小学都没有读完，却能有如此的成绩，和他的母亲有莫大的关系。在没有正规教育的条件下，他的母亲承担起了教授爱迪生文化知识的任务，从做人的道理教起，教他诚实的品格有多宝贵，教他对人仁爱有多重要，在学习上，妈妈教会爱迪生终身学习的习惯，这直接影响着爱迪生发明的持久性。爱迪生从生活中找问题，从小好问，养成了用实验验证疑问的习惯，这也许就是他获得大量专利的原因。

工作后的爱迪生总是有各种想法，他总是想，要是能把这件事情自动化，可以节省很多人力物力。这是典型企业家和发明家的思维方式，这也是现在科技创新的途径之一。

年轻的爱迪生曾经发明过一个电子表决器，这项发明可以让会议的投票环节效率加快。他兴致勃勃地带着自己的发明到国会去推销，最终却碰了一鼻子的灰，议员们告诉他会议投票这件事情并不需要加快速度，因为出于政治因素和其他原因，一般会留出说服别人的时间，尤其是国会投票，更是如此。通过这次的失败教训，爱迪生终于明白了一个道理，一个发明能否成功不仅与技术有关，还与市场需求有关。从此以后，爱迪生一生没有再做任何没有市场的发明了，从这一点，我们可以看出，爱迪生不是一个死板的发明家，而是极具商业头脑的实干家，这种品质和他后来在电气方面做出巨大贡献有密不可分的联系，这也是他和特斯拉不同的地方。

电气史上另一位伟大的科学家是塞尔维亚裔美籍电气工程师，尼古拉·特斯拉，特斯拉线圈就是他发明的，他被公认为是电力系统商业推广的先驱之一，我们现代社会的交流电系统（图7-15）就来源于他早期的系统设计，正因如此，特斯拉对电学以及交流输电技术的贡献尤为突出。

图 7-15　交流输电

1882 年，特斯拉成功应聘成为爱迪生电话公司巴黎分公司的工程师，经过精心的设计完成了第一台感应电机模型的制作。两年后，特斯拉辞别雇用他的老板，带着老板亲手写的推荐信，第一次踏上了去往美国的旅程，最终见到了心中仰慕已久的爱迪生。爱迪生看到推荐信，相信特斯拉是一位优秀的工程师，便决定聘用特斯拉做一些有创造性的工作。特斯拉不负众望，无论是简单的电器设计，还是久攻不下的疑难杂症，都能手到擒来，爱迪生对特斯拉的天赋惊讶不已。受到重视的特斯拉全权负责了爱迪生公司的明星产品直流电动机的重新设计任务。但后来因爱迪生没有兑现他对特斯拉的奖励诺言，特斯拉彻底失去了对爱迪生的信任，于是决定离开爱迪生的公司，寻找别的出路。这也直接导致了二人后半生的交直流之争及个人之间的恩怨情仇。

特斯拉的伟大之处在于他独创的"理念主义发明法"。这种方法就是完全用大脑的想象力探索事物发展规律，构思所有技术细节，从而归纳出发明原理，并将之演化成产品。这种方法的特点是在头脑中做实验，可以大胆假设，降低试错成本，比如特斯拉在发明交流电机（图 7-16）时，便完全在头脑中构建设计结构，完善交流电控制系统，而没有像传统方法一样，先画图纸再进行制造。

离开爱迪生后，1887 年，有着伟大梦想的特斯拉注册了自己的科技公司，并很快根据电磁感应原理发明了公司第一款

图 7-16　交流电机

科技产品——交流电机。特斯拉的交流电机因为有着自己的技术优势，在某种意义上成了爱迪生公司直流电动机的竞品，并逐渐被社会广泛接受。直到后来，特斯拉发明的交流电机及交流输电技术解决了直流电动机及直流输电技术的问题，由于技术的先进性，各种投资主动找上门来，特斯拉的科技公司迅速发展。同时，特斯拉也为自己的合作伙伴西屋电气公司在竞争中赢得了优势。1893 年 5 月，世界博览会召开，博览会上特斯拉首次向世人展示交流输电和交流电照明技术的优势，世人对这项技术能够走进千家万户充满期待。同年，尼亚加拉大瀑布水电站电力设计进行公开招标，爱迪生的通用电气公司和西屋电气公司参与了竞标，最终由于特斯拉交流电技术的先进性和整体商业效益分析，西屋电气公司赢得这次竞标。可以说，这是交流输电在商业上的一次巨大成功，也为世界各国的电气化指引了方向，并确定了很多交流电技术标准，同时意味着特斯拉成为"电流之战"的赢家。

在法拉第建立电磁场理论之后，特斯拉在电磁场领域做出了多项革命性的发明。他的多项相关专利以及电磁学的理论研究工作都给现代无线通信和无线电技术（图 7-17）提供了重要的研究基础。

图 7-17　无线电技术对讲机

众所周知，我们能够从资料中查到的是，马可尼是无线电技术的发明人。马可尼还因此获得了 1909 年的诺贝尔物理学奖。事实上，1897 年，特斯拉就已经获得了无线电技术的专利权。不过由于和爱迪生的竞争关系，美国专利局在爱迪生的干预下撤销了特斯拉关于无线电技术的专利权，转而授予马可尼。直到 1943 年，美国最高法院才重新认定尼古拉·特斯拉的专利有效，宣布马可尼的无线电专利无效，不过此时，特斯拉已经去世。

无线电技术在今天仍然是一项黑科技，但是特斯拉在 19 世纪 90 年代就已经实现了，而且特斯拉的目标更加远大，那就是让电力能够像无线电技术一样可以在全世界范围内实现无线传输。特斯拉的理论依据是电磁谐振，可以说放到今天这都是一个非常超前的伟大构想。1900 年，特斯拉搭建了著名的瓦登克莱弗塔（图 7-18），该塔是特斯拉实现他

图 7-18　瓦登克莱弗塔

伟大梦想的尝试。瓦登克莱弗塔的原理就是一个大功率的无线发射装置，特斯拉的设计初衷是可以向大西洋对岸传送广播、电话信号和无线输电。但是由于想法实在太超前，到今天也没有实现，最终这个超越时代至少一个世纪的项目在 1917 年由于经费不足和第一次世界大战而宣告失败。

特斯拉在电气技术的发明创造上更像一位科学家，他专注于技术本身，而爱迪生的发明更接近实际应用，并注重产品落地和营销策略。爱迪生为人类带来了光明，他向历史宣告人类电气时代的到来，而特斯拉的发明奠定了电气工程特别是现代电力工业的基础。无论是爱迪生还是特斯拉，他们都在人类历史发展的长河中做出了伟大的贡献，为科技快速进步注入了强心剂。

# 第二节　基础电气工程

## 一、科技的物理载体——电子元器件

电子技术的巨大进步推动了以计算机网络为基础的信息时代的到来，并改变了人类的生活与工作模式等各个方面。电气工程的发展与电子技术的发展息息相关。到目前为止，我们身边的所有电气设备及电气工程都离不开各种各样的电子元器件，它们支撑起了电子设备和电气设备的物理载体，让电和程序有了依附的对象，因此熟悉各种电子元器件的发展及现状对于理解电气工程的发展至关重要。

### 1. 电子管

谈到电子时代的开启，我们应该从电子管（图 7-19）的诞生开始。电子管的出现结束了用机械的方法进行运算的时代，同样也标志着新的时代——电子时代的到来。电子管的发明在很大程度上推动了电气工程朝着更加高效的方向发展。在谈电子管之前，我们还要谈一谈爱迪生。爱迪生这位明星般存在的超级发明家，前面的篇幅里我们已经有了详细的介绍，这里我们谈一下他和电子管的关系。爱迪生研究白炽灯（图 7-20）时解决了很多问题，其中一个重要的问题就是灯的寿命问题，他发现在灯丝材料碳丝附近接上一小块金属片时，金属片并没有与灯丝接触，但如果在二者之间加上一定电压，碳丝就会产生一股奇特的电流，朝着金属片的方向有移动的趋势。爱迪生多次问自己这莫名的电流是从何而来？但他始终无法解释其中的原因，不过以他的商业头脑，还是决定将这一发现注册专利，并取名为"爱迪生效应"。后来，科学家也证明了"爱迪生效应"的真正原因，是因为炙热的金属片能向周围的环境发射电子，从而产生微弱的电流。自爱迪生后，又有很多科学家发现过这一现象，但最先把这一效应发挥实用价值的是英国电气工程师和物理学家弗莱明。

图 7-19　电子管

图 7-20　白炽灯

　　弗莱明出生在一个富裕的家庭，曾经在伦敦大学与皇家化学学院学习深造，毕业后，由于能力出众，曾先后任职于多家公司，技术工程师和技术顾问是他当时的主要身份。弗莱明的强项是动手能力极强，他曾经完善了各种现有产品，比如发电机、电报、白炽灯等，并通过归纳整理发明了弗莱明左手定律。弗莱明另一个重要身份是曾经担任马可尼无线电电报公司的顾问，1901 年马可尼第一次利用无线电通信技术横越大西洋时，所使用的设备设施大部分都是弗莱明亲手制作的。

　　美国发明家德福雷斯特将特别的栅板放在二极管的灯丝和板极之间，这就是真空三极管的雏形。实验虽然不复杂，但就是这一小小的改动，竟获得了意想不到的效果。它不但能够发出类似音乐的声音和震动，而且反应更加迅速，这样一个不起眼的改动却能够实现放大、检波和振荡三种功能。因此，许多科学家都将三极管的发明看作是电子工业真正的开始。德福雷斯特因此获得了很多声誉。他认为"他发现了一个看不见的空中帝国"。电子管或者说三极管的诞生，极大地推动了电子技术和无线电技术的高速发展。据统计，截止到 1960 年左右，西方国家无线电产业中电子管已经达到了年产量 10 亿只。电子管的应用领域也逐渐从电话放大器、海上通信和空中通信，扩展到家庭娱乐产品，特别是将新闻、教育、体育、文艺和音乐等节目传送至千家万户。值得一提的是，电子管在军事设备设施的研发上也占有重要地位，如雷达、飞机、导弹等。直到现在，在音频功放技术上一些高端品牌仍然采用电子管技术，这主要归功于电子管放大器的谐波能量的分布特点，电子管放大器的谐波能量最强的是二次谐波，渐弱的是三次谐波，更弱的是四次谐波，直至最后谐波能量消失，这种特殊的性能使电子管放大器对声音引发出了多层次的声感，如果是音乐，则让音乐变得更加饱满，如果是人声，则让人声变得更加浑厚。

电子管笨重易碎、工艺复杂、能量消耗严重、质量不好保证等特点，让它终有没落的时候。因此，自从电子管被发明不久，科学家们就开始努力尝试新的解决方案。直到第二次世界大战，电子管的缺点更加暴露无遗。比如军用雷达上使用的电子管，经常在毫无征兆的情况下"罢工"，而在移动式的军用器械和设备上使用的电子管更是因为体积庞大、可靠性低，让军队备受折磨。因此，寻找更加合适的替代品成为当时许多科研单位和科学家们努力的方向。

### 2. 晶体管

与电子管相比，晶体管（图7-21）性能更加可靠稳定，使用效率更高，体积也更小。晶体管大部分是三端设备，它主要起到控制的作用。其中一个端子用作控制端，在实验室条件下，如果将电流施加到控制端子，则该设备将充当两个端子之间的闭合开关，否则将充当断开开关。

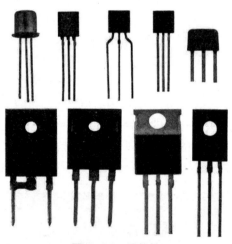

图 7-21　晶体管

晶体管是一种固体半导体器件，它种类繁多，也是现代电子技术的主要电子元器件，晶体管包括二极管（图7-22）、三极管、场效应管、晶闸管等。晶体管的功能更加强大，具有整流、检波、开关、放大、稳压、信号调制等多种功能。1947年12月16日，威廉·邵克雷、约翰·巴顿和沃特·布拉顿成功地在著名的贝尔实验室制造出了世界上第一个晶体管，之后晶体管的发展历史就开启了。晶体管的产生意义深远，它见证着科学家们寻找

图 7-22　发光二极管

最优答案的科研旅程，也同时推动着电子学和电工技术的向前发展。另一个影响是，晶体管及其他电子技术的发展直接促进了集成电路的出现。

### 3.集成电路

晶体管的出现解决了电子管的诸多问题，如体积庞大、效率低下、工艺复杂等，但随着电子技术的不断发展，人们对体积和运算速度的追求越来越高。那么能不能突破目前的瓶颈？终于在 1958 ~ 1959 年，杰克·基尔比和罗伯特·诺伊斯几乎同一时间让集成电路（图 7-23）为世人所知。

基尔比从相位转换振荡器开始尝试制作简易的集成电路。集成电路的历史终于在 1958 年 9 月 12 日开始谱写，那天基尔比经过大量的实验和测试，终于研制出了世界上第一块集成电路，从此，晶体管时代开始被集成电路所改写，集成电路开始登上电气技术的历史舞台。2000 年的诺贝尔颁奖典礼上，77 岁的杰克·基尔比终于捧起了含金量极高的诺贝尔物理学奖奖杯。

罗伯特·诺伊斯兼具技术天赋和管理能力，技术上，他是集成电路的发明人之一，管理上，他与别人共同创办了硅谷的两家传奇公司，一家是半导体工业的摇篮——仙童半导体公司，另一家则是全球最大的半导体公司——英特尔公司。不幸的是诺伊斯因心脏病发作于 1990 年去世，刚好错过了和基尔比共享诺贝尔殊荣的机会。

印刷电路和集成电路的发明同时验证了科技的进步离不开想象力和创新能力，而伟大的科学工作离不开像基尔比和诺伊斯那样在各自领域的坚守。

图 7-23　集成电路

## 二、电气工程的驱动力——电动机

前面我们谈到丹麦物理学家汉斯·奥斯特发现了"电流的磁效应"，从此科学界打开了研究电磁关系的大门。随后，根据"电流的磁效应"及发展起来的相关理论，英国著名的物理学家法拉第成功研制了实验室版本的电动机装置。电动机是现代工业必不可少的驱动装置，其存在于各行各业中，从汽车玩具到电动汽车，从工业控制到农业现代化，从日常生活到军工产品。从原理上来说，电动机可分为直流电动机和交流电动机两种。

### 1. 直流电动机

直流电动机最初得益于爱迪生的直流电动机系统而最先发展起来（图 7-24），其发展经历了四个主要阶段：①以永磁体（图 7-25）作为磁场的研究方向，这是直流电动机的萌芽发展时期。后来，因天然永磁体磁性不太稳定等原因，直流电动机的效率低下，功率较小，很快就有了代替方案。②以电磁铁作为磁场的研究方向，这个研究方向首先要解决的是电磁铁问题，如何通过电产生强烈的磁场是这个阶段要解决的主要问题。1825 年，英国的电工家斯特金成功制造了第一块电磁铁，从此开始了这个阶段的研究工作。几年后，美国物理学家亨利研发的电磁铁功率更加强大，可以将 1t 重的重物提起。真正把电磁铁应用到直流电动机中的人是雅克比，雅克比做的直流电动机输出功率更高，并且首次使用换向装置，使直流电动机的性能有了质的飞越。③第三阶段是改变励磁方式的研究方向，励磁技术是影响直流发电机的一个重要技术，因为电动机的使用离不开直流发电机。④第四阶段是从细节上进行完善，主要的改进部件是电枢转子。1865 年齿状电枢被发明，1870 年环状电枢被发明，1872 年一种鼓型转子被发明，这些发明降低了电动机生产成本，使电动机在民用领域和工业领域的具体应用成为可能。不过，直流发电技术和直流输电技术的缺陷使得直流电动机的发展极其缓慢甚至停滞。交流电动机开始登上历史的舞台。

图 7-24　直流电动机

图 7-25　永磁体

## 2. 交流电动机

直流发电技术及直流电动机给全世界带来了极大的改变，不过很快直流发电技术就到了技术瓶颈，直流发电机最大只能发出 57.6kV 的电压，输出最大功率只达到 4650kW。这对于高速发展的工业需求远远不够，且除了上面的极限外还有诸多问题，如线圈的绝缘性能不够，换向器无法工作，发电机在制作、运行上存在困难，尤其是换向火花，高压直接输给用户不仅危险，而且用户需要的是低电压等。1856 年，德国西门子公司通过技术研发生产出世界上第一台转枢式交流电动机，这台电动机用的是单相交流电。得益于意大利物理学家、电工学家加利莱奥·费拉里斯和美国物理学家尼古拉·特斯拉发明的旋转磁场，将多个线圈以辐射状整齐地排成一圈，给线圈接入交流电，通过实验研究，使各个线圈中的交流电频率一致，使其电流和电压产生相移，通过这种方法，各个线圈之间的空间就会形成一个可以旋转的磁场，正是因为这个磁场带动通电线圈转动，这就是二相交流电动机的工作原理。1889 年，俄国工程师杜列夫·杜波洛沃尔斯基发明了实用的鼠笼式三相电动机，至此通过不断地技术更新和迭代，电动机终于发展到了可以进入工业应用的阶段。电动机从被发明到最后真正的应用于工业领域，经历了漫长的技术革新。从中我们可以总结出一个结论：任何科学技术要转化为生产力绝不是一朝一夕的事情，需要几代人甚至几十代人艰苦卓绝的努力才能完成。

## 3. 伺服电机

自从直流电动机和交流电动机被发明后，电机的发展进入了稳定且高速的时期。后来，随着计算机技术及自动控制技术的飞越发展，电机技术又经历一系列技术革新，使得电机更加轻量化、小型化和高效化。这些技术革新为后来的高性能电机驱动带来了新的契机。

"伺服"是一个外来词，它源自英文单词 Servo，一般指系统的运动会随着控制指令而发生希望的运动。伺服系统主要控制的运动要素包括位置、速度和力矩等。伺服系统从动力来源上可以分为液压、气动和电动三种。目前伺服电机及伺服控制系统应用到了各种运动控制场景，如数控机床、机器人技术、3D 打印技术、自动化装备等各种工业控制场景。

伺服电机（图 7-26）及控制系统为现代化生产提供了有力的运动控制方案，为提高生产效率、提升产品品质、降低工人劳动强度

图 7-26　伺服电机

等方面做出来不可磨灭的贡献，可以说，伺服电机及控制系统是当前社会科技高速发展的一项重要技术保障。

## 三、电气时代的能量支撑——电力系统

电力系统（图 7-27）是现代电力工业发展的基础，也是所有电气工程和电气技术首先要解决的问题。前面我们谈到爱迪生一生的发明很多，但是要说对现代电力工业影响最大的要数他在美国建设的直流电力系统。

图 7-27　电力系统

1879 年，爱迪生作为公司法人创建了让世界受益的"爱迪生电力照明公司"，1881 年，真正可以应用到日常生活中的白炽灯开始走进老百姓的家庭，同时他修建电厂，铺设电路到千家万户。在 1880 年到 1890 年间，爱迪生还发明了很多和电气有关的产品，并陆续添加到他的直流电力系统中去。1892 年，在 J. P. 摩根的撮合下，汤姆·休斯顿公司和爱迪生通用电气公司进行联合，成立了著名的电气公司——通用电气公司，在接下来的 100 多年里，通用电气几度成为全球最大的公司，并且一直是美国工业的标志。

爱迪生主导直流输电系统后，电气技术在世界上得到广泛发展，而同时由于爱迪生公司的技术垄断，造成使用成本快速增加，尤其是电费昂贵，致使直流电的生意炙手可热。后来，在技术和商业上一直与爱迪生抗争的特斯拉找到了能够和爱迪生抗衡的技术方向：交流电技术及交流输电。特斯拉发明的交流发电机比直流发电机效率更高，结构更加简单，交流发电机不需要电刷，也就避免了在电机转动时产生电火花的弊端。接下来他发明的交流输电技术把他和爱迪生的争斗推向了高潮。当时爱迪生的直流电比较贵，且在远距离输电时，能量损失严重，于是直流电服务范围非常有限。而特斯拉发明的交流输电，由于容易变压，通过提高交流电的电压可以有效减少电力在输送过程中的损耗。1888 年，特斯拉为美国电气工程师

协会演示交流电系统，著名的西屋电气公司发现了特斯拉这项独特的技术，当时西屋公司正在和爱迪生的公司竞争，对这种技术非常感兴趣。于是双方一拍即合，达成了合作协议，那次西屋公司和特斯拉的合作，统一了今天美国 60Hz、120V 的交流电标准，并正式将交流电带给当时的社会，逐渐发展成世界范围内的交流电力系统。

# 第三节　电气工程中的经典之作

## 一、超高压输电技术

前面我们讲到了爱迪生和特斯拉时代关于直流输电和交流输电竞争的故事。由于交流输电对电能损耗更小，传输距离更远等优点，最终以特斯拉为代表的交流输电技术赢得了那场技术竞争。

全球电力技术发展迅速，伴随着电能的持续应用和用电量的持续加大，众多国家从长远考虑开始大量建设大容量火电厂、水电站（图 7-28）、核电站以及配套的设备设施，由于电站规模较大，危险系数较高，所以地理位置一般远离市区，这个需求完全可以采用高压输电技术或者超高压输电技术来完成。采用高压输电技术或者超高压输电技术能够高效经济的实现这些输电任务。超高压输电技术是在高压输电技术基础之上，随着发电容量和用电负荷增长、输电距离延长等发展起来的一种使用 500 ~ 1000kV 电压等级输送电能的技术。

随着超高压输电技术的逐渐成熟，世界上越来越多的国家开始采用这种技术进行远距离输电。20 世纪 70 年代，我国开始探索超高压输电技术。

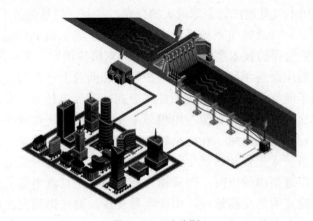

图 7-28　水电站

纵览我国地理结构和资源分布结构，一个显著特点是能源分布与生产力布局分布呈分离状态，这是我国的国情。80%以上的能源分布在西部和北部，远离生产力发达地区，70%以上的电力消耗在东部和中部，而这部分地区距离能源所在区域较远。我们所面临的一个重要问题是：中西部资源大省电力输送不出去，还有浪费问题，而东部、中部经济发展大省电力供应不够。国家有关部门根据这种情况，启动了一系列高压输电和超高压输电项目。从1972年至1987年，我国先后建成了330kV输电线路、500kV输电线路等。到1987年，我国已经建成超高压输电线路超过5000km，各大主力输电网已经完成以500kV超高压输电为主的改造工程。

随着我国电力技术的不断发展和用电总量的持续增加，预计有将近2.7亿kV的电力需要穿越2000多公里输送至用电集中地区，而现有的500kV输电线路，面临着诸多问题，如输电能力不足、损耗高、走廊资源稀缺等，已经无法满足正常的送电要求。基于此提出了发展特高压的需求。特高压输电技术是在超高压输电技术基础上发展起来的，目的是进一步增加输电容量以及传输距离，保障日益发展的电力需求。

特高压输电技术的优势较超高压输电非常明显。据统计，1条1150kV输电线路的输电能力相当于5～6条500kV线路的输电能力，或相当于3条750kV线路的输电能力，并且可减少三分之一的搭建铁塔用钢材，节省二分之一的导线，整体造价会节约10%～15%。1150kV特高压线路所需走廊只相当于同等输送能力的500kV线路所需走廊的四分之一左右，这些明显的优势，使得特高压输电技术具有相当可观的经济和社会效益，尤其是对于人口密度大、土地资源稀缺或走廊困难的国家。

2009年，我国制造的特高压项目正式投入运行。超高压和特高压输电是电力工业发展水平的重要标志之一。诺贝尔物理学奖获得者朱棣文，在一次重要演讲中说道："中国挑战美国创新领导地位并快速发展的一项重要领域，就是最高电压、最高输送容量、最低损耗的特高压交流、直流输电。"特高压输电技术谱写了我国电力发展史上美丽的篇章。

## 二、电动汽车

谈到汽车，很多人可能以为电动汽车被发明出来是在内燃机汽车之后，其实不然，电动汽车的出现要早于内燃机汽车。早在1839年，世界上就出现了电动汽车，汽车上大部分控制，如打火、加速减速、灯光、喇叭等，都是通过电来实现的，所以电动汽车是电气工程史上经典之作之一。当时的电动汽车有一个重要的弊端，它的电池是一次性的，不能进行连续充电操作，从而使得当时电动汽车的续航里程非常短。而随着石油资源的大量开采，以柴油和汽油为燃料的内燃机汽车得到了迅速发展，并逐渐扩展成全球趋势，电动汽车的发展在很长一段时间内几乎停滞不前。

2008年，特斯拉推出了第一款革命性产品，名字叫Roadster。Roadster从计划到推出花费了4年时间，整个研发过程中，花费了大量时间和成本。Roadster具有很多超前的设计理念，如由7000多颗电池组成的电池组，可以为特斯拉电动车提供优异的续航能力，电池组设计巧妙，即使发生短路也不会产生如着火等危险情况，如果有个别电池出现问题，不会对整个电池单元造成大的影响，这就是特斯拉的核心技术之一的电池管理技术。这个技术包括电池状态监测、能量的管理、安全性管理、电源数据采集、供电平衡控制以及和其他单元的通信管理等。这个系统还能自动处理由于充放电造成的发热问题，这也是特斯拉汽车具有良好充放电性能的重要原因。

电动汽车作为近年来汽车行业的新兴力量，正在快速发展。以美国特斯拉汽车为代表的国外电动汽车品牌已经开始攻占世界市场。但以比亚迪为代表的我国电动汽车品牌也正以稳健的步伐向更高的技术和更广泛的国际市场发起冲锋，我们相信会有更多的电动汽车民族品牌走向世界，让中国制造的名片出现在世界的每一个角落。

在能源越来越少的时代，我们期盼一种更加洁净、环保的动力能够驱动汽车，电动汽车无疑是一个主流方向，安静的动力和高效的能源转换让人们的出行更加舒适便捷，电气工程在电动汽车的技术发展上还会走得更加深远。

## 三、电池技术

前面谈到电动汽车有三电技术，其中电池技术是电动汽车发展中需要掌握的核心技术之一。除了电动汽车，还有很多电气工程都离不开电池，如手机（图7-29）、充电宝（图7-30）、UPS电源、工业控制等。电池技术

图7-29　手机　　　　　　　图7-30　充电宝

把可移动、灵活和便捷等特点赋予了各种电气设备设施。

历史上最早的电池可以追溯到莱顿瓶，它实际上是一个简单的电容器。有了莱顿瓶，人们就可以把静电存储起来，但是电量很少，很难满足科学实验的要求。值得庆幸的是，1800 年，意大利物理学家伏特发明了电池，自此以后，科学家们便开始了大量的电气方面的研究工作，应该说伏特发明的电池是现代电池的雏形。另一个电池领域的重要发明就是铅酸电池，它是 1859 年由法国人普兰特发明的。铅酸电池具有与生俱来的优点，如价格便宜、原材料容易获得、可靠性非常高，正是因为这些优点，使之在化学电源中一直占有绝对优势，并逐渐渗透到各行各业中。1966 年，美国福特汽车公司发明了钠硫电池，早期的研究主要针对电动汽车的应用。而在 20 世纪 70 年代以来，这些电池逐渐显现出储能局限性，于是锂电池（图 7-31）开始登上历史的舞台。

科技高速发展的今天，笔记本电脑（图 7-32）、智能手机、相机（图 7-33）等，提供这些产品正常运行的能量来源就是锂电池。

锂的特性决定了它在电池领域注定有一番作为。锂在元素周期表中是最轻的金属，它的原子序数为 3，提供的能量密度远远超过其他材料，这些优势让它成为电池材料的不二选择。可以说锂本身具有一种非常强大且高效的储能方式。

图 7-31　锂电池

图 7-32　笔记本电脑

图 7-33　相机

最早发现锂离子室温充电能力的是英国化学家惠廷汉姆。他的第一个锂电池就是采用锂作为负极材料，采用硫化钛作为正极材料。这种初期的锂电池技术，由于锂表面析出呈树枝状或针状的锂结晶，很容易造成锂电池电极结晶短路问题，从而引起锂电池自燃爆炸。

被称为锂电之父的美国化学家、固体物理学家约翰·古迪纳夫（John Goodenough）及其团队发现了多种材料可以改善锂电极结晶问题，如氧化物钴酸锂材料和锰酸锂等。鉴于曾经出现过锂电池的自燃爆炸事件，这些锂电池的研究成果没有企业愿意将其产业化。古迪纳夫将相关专利权转给英国原子能机构（AERE）。1991年，日本索尼公司才引进这一成果，并结合自己阳极材料石墨技术，将可充电锂电池商业化并生产面世，并向英国政府支付专利版权费。1997年，经过不断尝试，古迪纳夫实验室，再度发现锂离子阴极材料——磷酸铁锂，并由于这个发现，使后来的锂电技术开始趋于稳定。

## 四、计算机技术

计算机技术是20世纪人类最伟大的发明之一。1946年第一代电子管计算机问世，实现了在当时让人不可思议的计算能力，尤其是并行计算的出现，标志着现代计算机技术开始进入起步发展阶段。后来又经历了晶体管计算机、集成电路计算机以及大规模集成电路计算机。

## 五、机器人技术

机器人是人类各种电气工程当中最特殊的一种。因为它可以模仿人类、动物甚至植物，完成特定的工作，如炒菜做饭、看家护院、巡逻防守、焊接装配（图7-34）等，机器人作为电气工程中的经典之作，具有无限的发展潜力。

美国的机器人技术一直处于世界领先地位，特别是工业机器人技术。美国波士顿动力公司有两款明星产品：一款是四足机械狗，名字叫做Spot。Spot拥有动物的四条腿，可以模拟四足动物完成各种动作，波士顿动力对Spot机器人进行了模块化设计，在不同的应用场景搭载不同的模块，完成如巡检、避障、娱乐等特定任务。另一款产品是Atlas。Atlas是一款具有高度运动天赋的人形机器人，可完成180度空中转体、连续跑跳、连续跳高及后空翻等高难度动作。

日本的机器人种类繁多，技术成熟。值得一提的是工业用机械臂系统，这套系统在汽车焊接装配、包装运输和其他工业领域已经是主流，较为著

图7-34　焊接机器人

名的有日本的 Fanuc 工业机器人。日本的机器人技术涉及娱乐、文化、生产、交通、服务和物流等多个领域，且发展迅速。

　　我国的机器人技术起步较晚，与发达国家的差距还很大，但由于我国市场规模很大，特别是服务型机器人市场，这都促进了很多技术的进步和发展，近几年先后涌现了很多相关企业，在各行各业崭露头角。因而我国的机器人产业拥有着比较大的机遇和可发展空间。

# 第四节　电气对科技的影响

## 一、电气对科技的积极影响

　　电气工程促进了科学研究更加深入具体。莱顿瓶的发明让少量的电能够存起来，方便科学家进行初期的电学实验，掌握电的基本性质和规律。电池被发明后，更多的电能被存储起来，让持续为仪器和设备提供电力成为可能，这极大地促进了电能驱动的实验装置的发展。计算机的出现使高效的科学计算成为可能，随着芯片技术以及软件技术的发展，计算机经历了一个高速发展阶段，到今天为止，几乎所有的科学研究都离不开计算机，这恰恰反映了电气工程对于科技进步的积极影响。

## 二、电气对科技的负面影响

任何一项技术都有两面性，电气技术及电气工程也同样如此。汽车被发明之前，人们最常用的交通方式是步行，而有了汽车，人们就长时间坐在汽车里，肌肉得不到足够的锻炼。

手机是现代生活不可或缺的电子设备，无论是工作还是学习都和手机有关。手机方便了我们的生活，但它也同时拉远了情感的关系。结束一天的工作，回到家仍然会沉浸在手机的世界里，和手游、新闻、短视频等信息作伴，却忽略了身边最重要的亲人。

电力系统的发展极大地促进了工业发展和社会进步。电气工程和工业装备在为社会服务的同时也造成了不同程度的环境污染。如采矿企业对山体的破坏、水泥厂对空气的污染、炼钢厂化工厂对水源及空气的污染。当然，这里面不全是电气工程的问题，也有管理和企业自身的问题。可持续发展的概念正是着眼于这些问题，让科技发展的同时要保护好环境，处理好工业发展和生态环境的关系。

 **思考题**

1. 电气工程的发展对人类社会的影响有哪些？

2. 莱顿瓶解决了什么问题？

3. 富兰克林对电学的贡献有哪些？

4. 科学精神在电气工程发展史上有哪些体现？

## 第八章

# 环境工程与文化

　　环境问题已经成为决定人类未来命运的重要因素之一。若想改善环境问题，已经不能仅仅依靠单一的处理方法，除了通过综合治理以外，更重要的是取决于人类对自然环境的认识、对人与自然环境关系的认知、对资源的保护及人类与环境主从地位的转换，需要从文化的视角来认识和解决环境问题。

　　本章将主要从环境的概念、环境问题的发展以及对现实环境代表问题的深入探索，思考人类发展与自然环境可持续之间的关系。

## 第一节　环境问题的发展

### 一、环境的概念

　　《中华人民共和国环境保护法》将环境定义为：影响人类生存和发展的各种天然和经过人工改造的自然因素的总体，包括大气、水、海洋、土地、矿藏、森林、草原、湿地、野生生物、自然遗迹、人文遗迹、自然保护区、风景名胜区、城市、乡村等。既涵盖自然环境，也与人工环境相关，既包括了生活环境，也包括了生态环境。在自然环境中，按其要素可分为大气环境（大气圈）、水环境（水圈）、地质环境（岩石圈）和生物环境（生物圈）。这些圈层之间没有明显的界面，它们之间相互渗透、相互影响、彼此联系。

## 二、环境问题发展的四个阶段

环境问题是指全球整体环境或区域性环境中存在的阻碍人类生存和发展的现象，现随着人类社会的发展，已成为人类不得不面对的重要问题。环境问题形成原因复杂，主要是人类社会发展过程中环境利用不当或不协调所致。目前涉及方面较广，包括生态失衡、环境污染、人口剧增、资源枯竭等。

---

大自然是善良的慈母，同时也是冷酷的屠夫。——雨果

---

### 1. 环境问题的萌芽阶段（工业革命前）

在这个时期，人类生产力水平低下，过的是农耕牧渔的生活，主要是利用环境，很少有意识地改造环境。这一时期的主要环境问题：由于人口的自然增长和盲目的乱采乱捕，滥用资源而造成生活资料缺乏，引起饥荒；刀耕火种，盲目开荒引起水土流失；兴修水利，不合理灌溉引起土壤的盐渍化、沼泽化，以及某些传染病。此阶段的环境问题主要是生态破坏型的。

### 2. 环境问题的发展恶化阶段（工业革命——20 世纪 50 年代）

此阶段由于蒸汽机的发明和广泛使用，城市与工矿企业不断向环境排放废水、废气、废渣等废弃物，污染环境，使污染事件不断发生。

### 3. 环境问题的第一次高潮 (20 世纪 50 年代——20 世纪 80 年代）

此阶段人口数量急剧增长，都市化建设加快，工业规模不断集中和扩大，能源的消耗急剧增加，工业"三废"排放量急剧加大，震惊世界的环境问题接连不断。例如，著名的八大公害事件（图 8-1)，有 4 起发生在日本，2 起发生在美国，英国 1 起，比利时 1 起。

马斯河谷事件（1930.12.1　5比利时）
多诺拉事件（1948.10.26~30美国宾夕法尼亚州多诺拉镇）
洛杉矶光化学烟雾（20世纪40年代初每年5~8月美国）
伦敦烟雾事件（1952.12.5~8英国）
四日哮喘病事件（20世纪50~70年代日本）
米糠油事件（20世纪60年代日本）
水俣病事件（20世纪30~70年代日本）
骨痛病事件（20世纪50~70年代日本）

图 8-1　八大环境公害事件

### 4. 环境问题的第二次高潮 (20 世纪 80 年代以后）

20 世纪 80 年代后，环境问题并未止步于此，而是愈演愈烈，迎来了环

境问题的第二个高潮。这一阶段突发性的严重污染事件突显，如印度博帕尔农药泄漏事件、苏联切尔诺贝利事故、日本福岛核电站泄漏事故、莱茵河污染事件等。更为突出的是环境问题的范围由区域性转变为全球性，例如出现了全球大气污染、温室效应、臭氧层破坏和酸雨等。这些环境问题已经不能仅由一个地区甚至一个国家来解决，必须通过全球所有国家的共同努力才能得到控制。

# 第二节　雾霾及其危害

## 一、空气质量指数

在工业化日益发达的今天，显而易见的环境问题当属大气污染。我国 2012 年起通过空气质量指数（Air Quality Index，AQI）表征空气质量水平，用以描述空气污染或是清洁的程度，以及对健康的影响。对比 1996 年实行的旧标准空气污染指数（API），增加了 $PM_{2.5}$、臭氧（$O_3$）、一氧化碳（CO）三项污染物指标，发布频次也从每天一次变成每小时一次（图 8-2）。

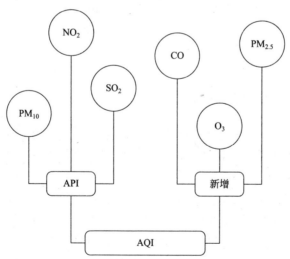

**图 8-2　空气质量指数（AQI）六项主要污染物**

空气质量指数 AQI：按世卫组织标准，AQI 在 20 以下空气质量方为合格；日本标准宽松些，AQI 小于 50 为达标；我国则将 AQI 小于 50 定为空气质量优秀，远低于国际标准（表 8-1）。

表 8-1　我国空气质量指数（AQI）标准对应

| 空气质量指数 | 空气质量状况 | 对健康影响状况 | 建议采取的措施 |
|---|---|---|---|
| 0～50 | ■■■一级（优） | 空气质量令人满意，基本无空气污染，对健康没有危害 | 各类人群可多参加下户外活动，多呼吸下新鲜的空气 |
| 51～150 | ■■■二级（良） | 除少数敏感人群外，不会对人体健康产生影响 | 除少数污染物特别敏感的人群外，其他人群可以正常进行室外活动 |
| 101～150 | ■■■三级（轻度污染） | 敏感人群症状会有相应加剧，对健康人群没有明显影响 | 儿童、老年人及心脏病、呼吸系统疾病患者应尽量减少体力消耗大的户外活动 |
| 151～200 | ■■■四级（中度污染） | 敏感人群症状进一步加剧，可能对健康人群的心脏和呼吸系统有影响 | 儿童、老年人及心脏病、呼吸系统疾病患者应尽量减少外出，停留在室内，停止户外运动，一般人群应适量减少户外运动 |
| 201～300 | ■■■五级（重度污染） | 空气状况很差，会对每个人的健康都产生比较严重的影响 | 儿童、老年人及心脏病、肺病患者应停留在室内，停止户外运动，一般人群尽量减少户外运动 |
| >300 | ■■■六级（严重污染） | 空气状况极差，所有人的健康都会受到严重的危害 | 儿童、老年人及病人应停留在室内，避免体力消耗，除有特殊需要的人群外，一般人群尽量不要停留在室外 |

根据《环境空气质量指数》（GB 3095—2012）规定：空气质量指数划分为 0～50、51～100、101～150、151～200、201～300、大于 300，分别对应于空气质量的六个级别，指数越大，级别越高，污染越严重，对人体健康的影响也越明显。

## 二、可入肺颗粒物 PM2.5

空气质量指数中对人体危害最大，直径小于或等于 2.5μm 的细小颗粒物 PM2.5，也称为可入肺颗粒物。与较粗的大气颗粒物 PM10 等相比，PM2.5 粒径小，活性强，能长时间悬浮于空气中，易附带有毒、有害物质（例如重金属、微生物等），输送距离远，对人体健康和大气环境质量的影响更大。PM2.5 在空气中含量浓度越高数值越大，代表空气污染越严重。PM2.5 被吸入人体后会直接进入支气管，干扰肺部的气体交换，引发包括哮喘、支气管炎和心脑血管疾病甚至肿瘤。图 8-3 为故宫雾霾前后对比图。

过去较长时间里，人类没有认识到 PM2.5 的危害性，为了更有效地监测随着工业化日益发达而出现的、在旧标准中被忽略的对人体有害的细小颗粒物，美国在 1997 年提出了 PM2.5 的标准，规定 PM2.5 年平均不超过 15μg/m³，日平均不超过 35μg/m³。PM2.5 指数已经成为一个重要的测控空气

图 8-3 故宫雾霾前后对比图

污染程度的指数。

2008 年世界卫生组织 (WHO) 规定了 PM2.5 的目标浓度限值如下：

| 年平均 $10\mu g/m^3$ | 日平均 $25\mu g/m^3$ |
| --- | --- |

目前全球大部分城市未能达到该标准。为此世卫组织制订了三个不同阶段的准则值，也称为过渡期目标值，供不同发展程度的国家自主选用。日本选择过渡期目标 3；欧洲大部分国家选择过渡期目标 2；处在工业快速发展时期的我国选择了世卫组织设定的最宽限值，即过渡期目标 1，PM2.5 年平均限值为 $35\mu g/m^3$，日平均为 $75\mu g/m^3$，作为我国的 PM2.5 国家安全合格标准（图 8-4）。

| WHO | 年平均 | 日平均 |
| --- | --- | --- |
| 标准值 | 10 （$\mu g/m^3$） | 25 （$\mu g/m^3$） |
| 过渡期1 | 35 | 75 |
| 过渡期2 | 25 | 50 |
| 过渡期3 | 15 | 37.5 |

图 8-4 世界卫生组织（WHO）PM2.5 过渡期目标值

## 三、雾霾的危害

雾霾会给气候、环境、健康、经济等多方面造成显著的负面影响。
（1）引起酸雨、光化学烟雾现象，导致大气能见度下降，阻碍空中、水面和陆面交通。

（2）提高死亡率，使慢性病加剧，使呼吸系统及心脏系统疾病恶化，改变肺功能及结构、改变人体的免疫结构等。

钟南山院士指出，PM2.5 每立方米增加 $10\mu g$，呼吸系统疾病的住院率可以增加到 3.1%；要是灰霾从 $25\mu g$ 增加到 $200\mu g$，日均的病死率可以增加到 11%。

（3）影响生殖能力。专家称，在胚胎和婴幼儿时期暴露在高浓度空气污染物的动物，相比较成年时期暴露在污染环境里的群体的生育力有显著下降。

### 四、空气污染数据统计

#### 1. 2013 年空气质量简况

2013 年起，我国对 74 个城市实施了新的空气质量标准（AQI）。据 2013 全年监测，74 个城市中 3 个城市达到空气质量二级标准。从达标的天数分析，74 个城市的平均达标天数仅为 221 天，达标率占 60.5%。从污染物的浓度分析，74 个城市中，PM2.5 的浓度年均超过我国标准值 1.1 倍，达 $72\mu g/m^3$，仅有拉萨、海口、舟山三个城市完全达标。

鉴于我国大气污染形势严峻，以可吸入颗粒物（PM10）、入肺颗粒物（PM2.5）为特征污染物的区域性大气环境问题日益突出。随着我国工业化、城镇化的深入推进，能源资源消耗持续增加，大气污染防治压力继续加大。为切实改善空气质量，国务院印发《大气污染防治行动计划》，简称"大气十条"。

#### 2. 2018 年阶段性总结

"大气十条"实施以来，大气污染治理成效显著，生态环境部于 2019 年世界环境日发布了阶段性总结——《我国空气质量改善报告（2013—2018年）》。报告主要阐述 2013 年以来，多项措施落地后的实际数据。虽然 2018 年全国 GDP 相比五年前增长 39%，民用汽车保有量增长 83%，但总体多项空气污染指数大幅下降，全国空气质量总体改善。

首批实施《环境空气质量标准》的 74 个城市，PM2.5 平均浓度下降 42%，$SO_2$ 平均浓度下降 68%。重点区域环境空气质量明显改善，京津冀、长三角和珠三角地区 PM2.5 平均浓度分别比 2013 年下降了 48%、39% 和 32%。北京市 PM2.5 大幅下降，从 $89.5\mu g/m^3$ 下降到 $51\mu g/m^3$，降幅达 43%。主要大气污染物排放总量显著减少，2013 年以来，我国氮氧化物和二氧化硫排放总量下降 28% 和 26%。我国酸雨分布格局总体保持稳定，酸雨面积呈逐年减小趋势。2013 年，全国酸雨区面积占国土面积的 10.6%，2018 年已降至 5.5%，降幅近 50%。

### 3. 2020 年空气质量简况

生态环境部发布 2020 年全国生态环境质量简况：全国 337 个地级及以上城市达到二级标准占 87.0%，同比上升 5.0 个百分点，如图 8-5。202 个城市环境空气质量达标，占全部地级及以上城市数的 59.9%，同比增加 45 个。PM2.5 年均浓度为 33μg/m³，同比下降 8.3%；PM10 年均浓度为 56μg/m³，同比下降 11.1%。

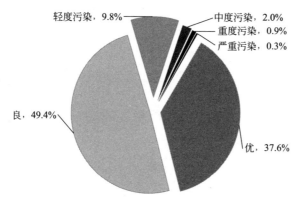

图 8-5　2020 年 337 个城市环境空气质量各级别天数比例

按照环境空气质量综合指数评价，168 个重点城市中，环境空气质量相对较差的 20 个城市（从倒数第 1 名至倒数第 20 名）依次是安阳、石家庄、太原、唐山、邯郸、临汾、淄博、邢台、鹤壁、焦作、济南、枣庄、咸阳、运城、渭南、新乡、保定、阳泉、聊城、滨州和晋城（滨州和晋城并列倒数第 20 名），环境空气质量相对较好的 20 个城市（从第 1 名至第 20 名）依次是海口、拉萨、舟山、厦门、黄山、深圳、丽水、福州、惠州、贵阳、珠海、雅安、台州、中山、肇庆、昆明、南宁、遂宁、张家口和东莞。

当前，我国大气污染问题形势依然严峻，实施《大气污染防治行动计划》，需要全社会积极参与。每个人应从我做起，践行文明、节俭、绿色的消费方式和生活习惯。让我们共同期待蓝天白云，再无薄纱笼罩。

# 第三节　全球变暖

2020 年以来，世界多地极端天气频发，加拿大、美国、澳大利亚遭遇罕见高温干旱。塔克拉玛干沙漠北侧洪水淹没近 300km²。中国河南以及德国、英国部分地区遭遇极端暴雨、南非气温跌入零下……

专家猜想极端气候出现概率增高的主要因素是全球变暖。2021 年 8 月，联合国气候科学机构——政府间气候变化专门委员会（IPCC）发布了第六次评估报告部分内容。报告显示：亚洲地区温度升高已超出自然变化范畴，极端暖事件在增加、极端冷事件在减少，这一趋势未来将延续……

从全球平均温度曲线（图 8-6）可以看出，我们的家园正在日益变暖，这种情况显然弊大于利。

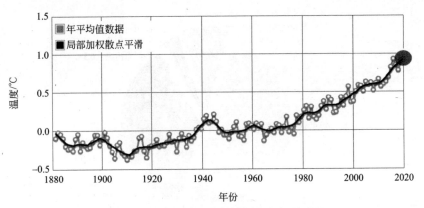

图 8-6 1880～2020 年全球平均温度曲线

数据来源：美国国家航空航天局戈达德太空研究所

## 一、全球变暖的原因

### 1. 大量使用化石燃料排出二氧化碳

工业革命后，大量的化石燃料燃烧，相当于把原本在地球内部的碳挪到了大气圈，然而使用化石燃料向外放出的长波热辐射被大气吸收，太阳的短波辐射通过大气到达地面，使地表与低层大气温度增高，类似于栽培农作物的温室，这种现象被称为"温室效应"，是大气保温效应的俗称，形成温室效应的气体以二氧化碳为主。

### 2. 人口急剧增加

从人口曲线（图 8-7）可以看出，1830 年到 1900 年 70 年的时间，全球人口增加了 6 亿，但是，1987 年到 1999 年短短 12 年时间，全球人口就增加了 10 亿。

2011 年 10 月 31 日被命名为世界 70 亿人口日。这样一个巨大的人口数量，仅呼吸一项排出的二氧化碳数字都很惊人。

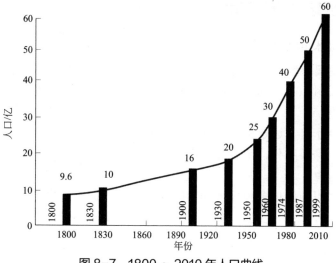

图 8-7 1800 ~ 2010 年人口曲线

### 3. 森林面积锐减

森林可以调节气候，涵养水源，保持水土，防风固沙，改善土壤。在地球文明初期，地球上的陆地有近 2/3 被森林覆盖，但由于森林大火和乱采滥伐，全球森林资源逐年锐减。到 2017 年左右，全球森林平均覆盖率已经下降到 22%，美国森林覆盖率为 33%、日本为 67%，而我国为 21.66%，如图 8-8。

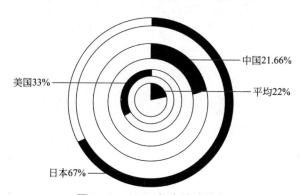

图 8-8 2017 年森林覆盖率

例如，印度尼西亚的热带雨林，河流蜿蜒其中，无数的野生动物和当地的土著居民和谐共居，形成一幅美丽的画面。但是为了发展经济，森林被砍伐后种上了棕榈树的小树苗，仅仅因为棕榈树的种子可以榨油。由于价格低廉，据统计 90% 的方便面都使用棕榈油（可参考方便面配料表）；受到世界瞩目的澳大利亚森林大火，从 2019 年至 2020 年，燃烧近半年时间，使生态系统遭受强烈的打击。

## 二、全球变暖的危害

### 1. 北极冰川融化

全球变暖导致北极冰川不断融化。北极冰可以反射 90% 的太阳光，而海水只能反射 10%。冰川融化后，更多的太阳光热能会被海水所吸收，加速全球变暖。

在北极冰盖下边永冻层储藏着大量的甲烷，如果由于全球变暖，北极冰盖下的永冻层融化，甲烷释放进入大气，对地球上的生物和环境将会造成毁灭性的冲击。

北极冰川融化使多种极地动物陷入困境。北极熊体格庞大，主要食物为海豹等，由于冰川融化，栖息地不断缩小（图 8-9），北极熊不得不长途跋涉寻找食物。

图 8-9　被北极冰川环绕的北极熊

### 2. 海平面上升

冰川融化导致海平面上升。美丽的马尔代夫，海拔仅有 1.5m，如果海平面继续上升，它将不复存在。为此，2009 年哥本哈根气候大会期间，当时的马尔代夫总统纳西德带领他的内阁召开世界首次水下内阁会议，向全世界呼吁重视全球变暖的问题。

### 3. 冰川退缩导致水资源短缺

世界屋脊喜马拉雅山脉，藏语称为雪的故乡，也经历着冰川逐渐退缩。喜马拉雅冰川是许多重要河流的发源地，如雅鲁藏布江、印度河等，这些发源于喜马拉雅山脉的河流滋养了世界上 1/4 的人口。如果喜马拉雅山脉的冰川融化殆尽，人类将面临严重缺水的境地。

### 4. 高温

2003 年欧洲的夏天，热浪共令南欧超过 35000 人丧生，其中法国就超过 14000 人。

2016 年印度的夏天，市民可在街头利用太阳将鸡蛋煎熟。

2021 年 7 月科威特多地持续高温，平均温度超过 50℃，最高达 53.5℃，街道空无一人。

### 5. 飓风频发

形成于太平洋东部和大西洋的气旋被称为飓风，形成于太平洋西部的气旋被称为台风。在热带海洋上空，由于海水蒸发得很快，空气温暖潮湿，流动剧烈而且复杂，很容易出现热带气旋。全球变暖导致海洋表面温度升高。海洋表面温度与气旋上方空气温度的差异为飓风或台风提供动力，因此海洋表面温度升高会使飓风或台风破坏力增大。

### 6. 物种灭绝

联合国政府间气候变化专门委员会 2014 年报告指出：如果地球的平均温度比 1990 年上升 1.5 ～ 2.5℃，则大约有 20% ～ 30% 的动植物将面临灭绝危机；如果气温上升 3.5℃以上，40% ～ 70% 的物种将面临灭绝。

### 7. 干旱及沙漠化

2021 年 3 月，台湾地区日月潭水位干涸见底。联合国的研究表明，全球 41% 的干旱地区土地不断退化，全球的沙漠面积正在逐渐扩大。

### 8. 大饥荒

全球变暖对农作物的生产将造成较为严重的影响，这也会加剧饥荒的深度和广度。物资极丰富的今天，世界上仍有约 1/4 的人口每天在忍饥挨饿，若因全球变暖造成大饥荒，将无法想象有多少人会受难。

### 9. 流行性疾病频发

全球气候变暖导致流行病增加，加大瘟疫爆发的概率。

全球性气候变化是全人类的挑战，需要各国携手共同采取措施应对。我国多年来坚持绿色发展，积极参与全球合作，为实现绿水青山，诸多举措已初见成效。

2020 年 12 月末，我国国务院新闻发布会介绍森林覆盖率已达 23.04%。

按照"十四五"国土绿化目标，2025 年争取达到 24.1%，森林蓄积量达到 190 亿 m³，草原综合植被盖度达到 57%，湿地保护率达到 55%，60% 可治理沙化土地得到治理。

2060 年为完成碳中和（人类活动产生的二氧化碳 = 人类活动减少的二氧化碳）宏伟目标，我国不仅积极采用新能源，降低煤炭等传统能源使用量，而且鼓励植树造林、鼓励采取技术干预（碳捕捉）等有效措施落地。

# 第四节　水及土壤污染

## 一、水污染

水是生命之源，更是人类生存与发展的重要条件。目前全世界都为面临水危机而惧怕，尽管我国的水资源总量在全球居第 6 位，但人均淡水资源不到世界人均水平的 1/4，是世界上 13 个贫水国家之一。截止到 2011 年 7 月，我国 660 座城市中有 400 多座城市缺水，三分之二的城市存在供水不足，我国城市年缺水量为 60 亿 m³ 左右，其中缺水比较严重的城市有 110 个。

我国境内分布主要有海河、辽河、淮河、黄河、松花江、长江和珠江七大江河水系，目前均已受到不同程度的污染。2014 年，我国水利部对全国 700 多条河流进行评价，结果表明：46.5% 的河长受到污染，水质只达五类；10.6% 的河长严重污染，水质劣五类；90% 以上的城市水域污染严重。

淡水资源不同程度的污染直接影响了各国居民的饮用水安全。初步调查表明，我国农村有 3 亿多人饮水不安全，其中约有 6300 多万人饮用高氟水，200 万人饮用高砷水，3800 多万人饮用苦咸水，1.9 亿人饮用水中有害物质含量超标。

世界各地水污染的严重程度主要取决于人口密度、工业和农业发展的类型和数量，以及所使用的三废处理系统的数量和效率。为唤起公众的节水意识，加强水资源保护，满足人们日常生活、商业和农业对水资源的需求，联合国长期以来致力于解决因水资源需求上升而引起的全球性水危机。

1977 年召开的联合国水事会议，向全世界发出严重警告：水不久将成为一个严重的社会危机，石油危机之后的下一个危机便是水危机。1993 年 1 月 18 日，第四十七届联合国大会做出决议，确定每年的 3 月 22 日为"世界水日"。每年的世界水日，都有一个主题。

为系统治理水污染，我国 2015 年 4 月 2 日发布了《水污染防治行动计划》，简称"水十条"。

水污染治理分三个阶段目标（图8-10）：

第1个阶段，到2020年，全国水环境质量得到阶段性改善；

第2个阶段，到2030年，力争全国水环境质量总体改善，水生态系统功能初步恢复；

第3个阶段，到21世纪中叶，即2050年，生态环境质量全面改善，生态系统实现良性循环。

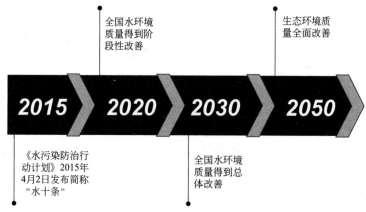

图8-10　《水污染防治行动计划》阶段目标

2020年我国生态环境部通报：2020年1～12月，1940个国家地表水考核断面中，水质优良（Ⅰ类～Ⅲ类）断面比例为83.4%，同比上升8.5个百分点；劣Ⅴ类断面比例为0.6%，同比下降2.8个百分点，主要污染指标为化学需氧量、总磷高锰酸盐指数。长江、黄河、珠江、松花江、淮河、海河、辽河七大流域及西北诸河、西南诸河和浙闽片河流水质优良（Ⅰ类～Ⅲ类）断面比例为87.4%，同比上升8.3个百分点，劣Ⅴ类断面比例为0.2%，同比下降2.8个百分点，主要污染指标为化学需氧量、高锰酸盐指数和五日生化需氧量。

## 二、土壤污染

土壤污染主要是工矿企业排出的废水、废渣以及化肥和农药的过量使用等引起。2014年《全国土壤污染状况调查公报》显示：全国耕地质量整体表现为"四成退化、三成劣质、二成污染"的"四三二"状态。而我们每天吃的五谷杂粮、瓜果梨桃，就是从这样的耕地上生长而来。

鉴于土壤污染现状，我国颁布了《土壤保护与污染防治行动计划》并已于2016年实施，简称"土壤十条"。

土壤污染治理工作目标：

2020 年，全国土壤污染加重趋势得到初步遏制，土壤环境质量总体保持稳定，农用地和建设用地土壤环境安全得到基本保障，土壤环境风险得到基本管控；

2030 年，全国土壤环境质量稳中向好，农用地和建设用地土壤环境安全得到有效保障，土壤环境风险得到全面管控；

21 世纪中叶，土壤环境质量全面改善，生态系统实现良性循环。

# 第五节　人与自然的关系

人类一方面需要向自然环境索取生存和发展所需要的物质和能量，包括空气、水资源、矿产资源、土地资源、生物资源等；另一方面我们在利用来自自然环境的各种物质和能量的过程中，会产生废弃物，人类社会内部无法消化利用，就需要排放到自然环境中去。

当人类过多地向自然环境索取物质和能量时，会随之产生生态失衡、资源匮乏等问题；而当人类过多地向自然环境排放废弃物时，由于超出自然环境的净化能力范围，往往会发生环境污染事件。

## 一、人类发展与自然环境之间的关系

人类在自身发展过程中对与自然环境关系的理解与认知，经历了一个曲折而又漫长的过程，具体表现为从崇拜自然、改造自然、征服自然到善待自然（图 8-11）。

图 8-11　人类对自然态度的发展过程

早期人类社会，人类主要依靠狩猎采集为生，生产力低下，故而对自然环境尚无改造能力。此时人类面对自然环境的极端现象很难抵御，比如洪涝、干旱等，基本处于被动接受阶段。

农业社会阶段，人口开始聚集安居，主要以农、林、牧、渔为生。人类利用自然环境的水、土壤、气候等条件，初步尝试改造自然。在某些人口密集的区域开始产生一定的环境问题，但人类的能力与自然相比仍然弱小，产生的环境问题可以在一段时间内恢复。

工业革命时期，人类利用机器提高了生产力，大规模矿物资源的开采与使用，使得人类开始向自然环境大量排放废弃物，企图征服自然，环境问题日益严重。区域性环境公害事件频发。

人与自然是相互联系、相互依存、相互渗透的，人类本身就是自然界的一部分。人类的存在和发展，一刻也离不开自然，必然要通过生产劳动同自然进行物质、能量的交换。

## 二、环境文化

随着人们对人类自身发展与自然之间关系认识的不断深入，人类开始从文化上探索人与自然协同发展之路，产生了一门新兴学科——环境文化。环境文化是人们在社会实践过程中，对自然的认识、对人与自然环境关系的认知状况和水平的群体性反映样态。

环境文化可大致划分为"环境认知文化""环境规范文化""环境物态文化""民俗环境文化"四种（图 8-12）。

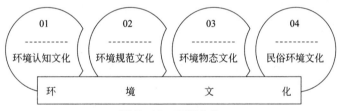

图 8-12 环境文化

"环境认知文化"是人们在认识和改造自然过程中，对自然环境及人与自然关系"事实如何"的主观反映样态，它是环境文化发展的前提，主要以知识的形式表现出来，可以是经过系统归纳和逻辑整理的环境科学，如环境哲学、环境生态学、环境化学、环境工程学等理论化的环保知识，也可以是自发约定俗成的环境常识，如与自然环境有关的俗语、民间谚语等。其存在意义在于为人们认识自然、改造自然、协调人与自然关系提供知识和实践能力。

"环境规范文化"是人们在认识和改造自然过程中，对自然环境及人与自然关系"应该如何"的主观反映样态，它是环境文化发展保障，主要以规范的形式表现出来，可以是"柔性"的环境伦理道德，也可以是"刚性"的环境制度和法规。其存在意义在于，为了克服自私、贪欲等人性弱点和形成协调关系而主观制定出的内在和外在的约束，如环境伦理学、环境保护法就是环境规范文化的一部分。

"环境物态文化"是人们在认识和改造自然过程中，所形成的文化以非人格化、器物的形式直观表现出来的样态，它是环境文化产生和发展的基础，主要蕴含在宗教建筑、名胜古迹、自然风光、生活周边的生态环境之中。其存在意义在于，为环境文化的产生、传递和传承营造客观氛围、提供物质载体。

"民俗环境文化"是具有地方色彩和民族特色的环境文化，比如少数民族对自然的敬仰风俗文化。例如，世世代代靠捕鱼为生的赫哲人，年年都在农历的 7 月 15 日河灯节这天放河灯、祭河神，以此来祈祷、祝福族人平安、捕鱼丰收。

环境认知文化、环境规范文化、环境物态文化、民俗环境文化，四种文化交融互摄、循环扩展，形成一个动态的复合体。

环境文化是人类社会实践的产物——形成于人认识自然、改造自然的客观实践活动，又指导和影响人后续认识自然、改造自然的活动。环境文化的产生和发展的过程不仅是"自然人化"的过程，同时也是"人类进化"的过程。"文化是改造自然、改造社会的活动，它同时也改造'改造者'自身。人创造文化，同样文化也创造了人"。人类环境文化的发展状况是主体人类发展状况和水平的确证，也是文化孕育文明、实现人全面发展的必要前提。

环境文化的产生和变迁大体经历了三个发展阶段（图 8-13）。

图 8-13　环境文化发展的三个阶段

第 1 个阶段，古代——朦胧状态的环境文化。由于生产力水平低下，科学知识极为贫乏，人类在总体上对自然界采取敬畏、膜拜的态度，但也曾闪露出天人合一的哲学思想，注重人与自然的和谐统一。

第 2 个阶段，近代——异化状态的环境文化。工业革命以后，生产力获得空前的发展，人类陶醉于自身干预自然界的能力和"征服"自然界的胜利，盲目而贪婪地掠夺和消耗自然资源，以牺牲环境为代价换取经济增长。

第 3 个阶段，现代——反思状态的环境文化。经济高速发展的同时带来的是生态环境的恶化，人们开始反思传统的经济增长理念和方式，从文化上探索人与自然协同进化的途径。"致力于人与自然、人与人的和谐关系，致力于可持续发展的文化形态，即是环境文化"。

# 第六节　环境与可持续发展

20 世纪 80 年代之后，谋求人与自然协调发展，逐渐成为主流，可持续发展论应运而生。可持续发展是人类发展的必由之路。

## 一、可持续发展的内涵

可持续发展是指既满足当前需要，又不对子孙后代满足其需要的能力构成危害的发展。最早得到广泛接受的可持续发展概念起始于 1987 年挪威首相布伦特兰夫人在世界环境与发展委员会的报告——《我们共同的未来》。

可持续发展着重指出自然与经济、社会的协调发展，追求人与自然的和谐。它要求当代科学技术的研究、应用与发展要有利于人与自然关系的协调，有利于人类整体的、长远的生存和发展，有利于人自身的全面发展和人自身价值的全面实现。单纯知识的增长、技术的改进、效益的提高并不意味着科技的进步。只有科技的研究应用与自然环境相容，物质财富的增长与人类社会的进步同步，科技的发展才有真正的意义。

## 二、可持续发展实现的途径

### 1. 促进科技绿色发展

积极发展有利于生态建设和环境保护的高科技。科技的生态负效应最终还要靠科技进步来解决。高科技具有改善生态环境的潜在功能，这种功能的实现，为解决人类所面临的问题提供了可能。运用现代科学技术找到解决环境污染、生态破坏问题的机制、规律和方法，建立起人与自然协调发展的新模式，这将是跨时代的科技进步。值得高兴的是，当代科学技术已经在这方面显露出巨大的潜力。如材料科技的发展正在使大量的自然资源为人工合成材料代替，能源科技正在朝着提高能源利用效率、减轻环境污染的方向发展，全球信息化的趋势大大缓解了人类对自然的需求压力。

注重科技应用对生态环境影响方面的预测。科学技术本身存在不足，决定了科技的负效应是不可避免的。问题是我们如何对其做出预测，使之减少到最小。过去，人们对科技成果评价主要着眼于科技成果的有效性、经济性和独创性。近年来，人们开始发展对各项技术重大决策可行性分析和未来生态预测，取得较好成果，这将对生态环境保护和改善起到巨大作用。

### 2. 建立资源节约型环境友好型国民经济体系

有效地节约地使用资源，并能在生产、流通等环节实现再利用、再循环是可持续发展过程中需着力解决的关键问题。资源是人类社会发展最基本的物质条件，而可支配资源的有限性又让其显得更为宝贵。因此，急需建立科学的资源节约型环境友好型社会，保证资源的合理使用与支配。

（1）建立有效的环境保护体系。完善各类环境保护的相关法律法规，用以约束企业和个人的环境行为（环保综合类、水体环境、大气环境、噪声振动、固体废物、化学品、放射辐射、排污管理、能源资源、自然保护、绿化环卫、土地农业等）；创建环境监测、监理、科技、宣讲等有效机制。

（2）提高国民素质，尊重和善待自然。尊重地球上的一切生命物种，尊重自然生态的和谐与稳定，顺应自然地生活，关心个人并关心人类。

（3）走新型工业化道路。推进经济结构战略性调整，建立以节水、节地、节能、节材为中心的、促进良性生态循环的农业、工业、运输等体系，这是加快转变经济发展方式的主攻方向。

（4）改善能源消费结构，着力发展太阳能、风能、氢能等清洁能源。

整个国民经济体系的主要功能就在于建立人口、资源、环境同社会、经济发展之间的协调关系，经营方式由粗放型向节约型转变，这就是我国实现可持续发展的基本战略。

 **思考题**

1. 简述环境问题的四个阶段。

2. 简述空气质量指数中主要检测的六种污染物。

3. 你认为全球变暖会对人类生活产生哪些影响？

4. 当天气预报中 AQI 指数为 153 时，你与同学的篮球场之约是否需要重新商量，为什么？

5. 什么是"可持续发展"？简单谈谈你的理解。

## 第九章

# 机器人工程与文化

从 20 世纪中叶开始，一项高精尖的科技出现并迅猛发展，成为科技发展的中流砥柱，逐渐渗透到生活的各个领域，在国防工业、制造业、科学研究以及社会工作中发挥着越来越重要、越来越显著的作用，这便是以计算机和自动化的发展以及原子能的开发利用为技术背景的现代机器人技术。

机器人的出现，使我们的文化创意有了新的元素。文化广场、主题公园、生产车间、星际探索等方面，机器人有了用武之地。经历了半个多世纪的发展，现代机器人技术已经迈上了更高的台阶，而机器人技术的研究者也拥有了更广阔的视野，同时相关的现代科技也有了更进一步的发展。在 21 世纪，伴随着仿生学、计算机科学等尖端科学的进一步发展，机器人技术也将会拥有更广阔的发展空间。

## 第一节　认识机器人

提起机器人，我们立刻想到可以唱歌、跳舞、工作、有头有手的小东西。其实，那只是对机器人狭义的理解。事实上，机器人是将机械传动和现代微电子技术结合而成一种机械电子设备，它能够模仿人的某种技能。机器人的外观不必看起来像人，只要它能自主完成人类下达的任务和命令即可。

早在新石器时代就有了机器人的雏形并开始为人类做事。新石器时代人类还不会制造机器，当时的"机器人"其实是稻草人。风动的稻草人在田地里为人类驱赶飞鸟。2000 年前的国人在稻草人的基础上做出了木偶。农闲时用线控的木偶进行娱乐表演。木偶表演只能在白天，晚上就用木偶的改进型（皮影）表演。皮影再进一步改进就成了现今的镂空皮影。近代，人们把电子技术运用到机器人身上，就有了遥控的机器人和固定动作的机器人。在机器人身上加装传感器就成了原始的智能机器人。

图 9-1　自动售货机

　　也许大家会发现，机器人并不是那么遥远和神秘，现代人每天都在不知不觉中和各种各样的机器人打交道，如街道上安装的监控器、银行的自动提款机、超市的自动售货机（图 9-1）等，它们一直陪伴在我们身边，默默地帮助着我们。

## 一、机器人一词的起源与机器人三原则

　　1920 年，捷克作家卡雷尔·恰佩克在他的剧本《罗素姆的万能机器人》中把捷克语"Robota"写成了"Robot"，"Robota"是奴隶的意思。该剧描述了机器人的发展给人类社会带来很大的影响，引起了大众的广泛关注，从此"Robot"这一词就被当成了机器人的起源。为了防止机器人伤害人类，科幻作家阿西莫夫于 1940 年提出了"机器人三原则"：

　　（1）机器人不应伤害人类；

　　（2）机器人应遵守人类的命令，与第一条违背的命令除外；

　　（3）机器人应能保护自己，与第一条相抵触者除外。

　　机器人学术界一直将这三条原则作为机器人开发的准则。

## 二、早期机器人的出现

　　世界上第一台工业机器人的诞生距离现在并不遥远，但是人们却在几千年之前就对机器人产生了的幻想与追求。在《列子·汤问》里有篇记载，西周时代，偃师研制出一种艺伎机器人能歌善舞。据《墨经》记载，我国著名的木匠鲁班利用木头和竹子制造出一只木鸟，能在空中飞行"三日不下"。

　　18 世纪，随着科学技术的发展，蒸汽机的发明不仅标志着人类进入了技术革命时代，它的产生也大大加速了早期机器人技术的进步。1893 年，

摩尔制造了"蒸汽人"，腰部由杆子支撑，双腿由蒸汽驱动作圆周运动。以现在的角度来看，这些自动玩具功能十分简单，实现方法仍然非常落后，但是它们却代表了当时的最高科学技术水平。

## 三、机器人的定义

在科技领域里，每个技术术语都有自己明确的定义，但经过几十年的发展，机器人的定义仍然是众说纷纭。原因就是机器人这项技术还在不断发展，它所涵盖内容越来越丰富，所以它的定义也在不断充实和创新。

20世纪60年代，第一届机器人学术会议在日本召开，会议上提出了两个具有代表性的机器人的定义，其中一个定义是指具有如下3个条件的机器称为机器人。

（1）具有脑、手、脚三要素的个体；

（2）具有非接触传感器和接触传感器；

（3）具有平衡觉和固有觉的传感器。

这个定义指出机器人应当模仿人，即它要用手工作，用脚移动，用大脑来进行指挥。

非接触式传感器和接触式传感器类似于人的五官，可以识别外部环境，而平衡觉和固有觉传感器是机器人用来感知自身状态的。1987年，国际标准化组织定义了工业机器人：工业机器人是一种具有自动控制操作和移动功能的可编程机械手，可以完成各种操作。1988年，法国埃斯皮奥定义机器人学为：机器人学是指根据传感器信息，设计一种能够实现预先规划的操作系统，并以该系统的使用方法为研究对象。我国科学家对机器人的定义是：机器人是一种自动化的且灵活度高的机器，不同的是这种机器具有一些类似于人的智能，例如有协调、规划、运动和感知能力。

由此可见，至今机器人也没有一个公认的、统一的定义。目前国际普遍认可的是由美国科学家1979年提出的定义：一种可编程和多功能的操作机；或是为了执行不同的任务而具有可用电脑改变和可编程动作的专门系统。

## 四、机器人的分类

机器人的应用领域很广，分类很多。机器人在不同行业的应用场景也不同。

（1）工业机器人（图9-2）。主要应用于现代化的工厂，它是一种具有多关节机械手或多自由度的机器人，可以进行喷漆、焊接、搬运、装配、检查等。

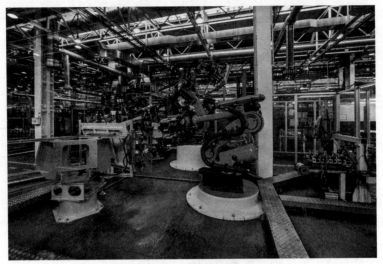

图9-2　工业机器人

（2）极限作业机器人（图9-3）。是指在环境不适合人类作业的条件下工作的机器人，例如水下作业、核电站作业等场合。

（3）娱乐机器人（图9-4）。使用AI技术、以娱乐为主要目的的机器人，例如唱歌机器人、绘画机器人等。

图9-3　极限作业机器人

图9-4　娱乐机器人

## 第二节　机器人的演变

20世纪60年代左右，微电子技术和计算机技术开始飞速发展起来，自动化技术也有质的飞跃，机器人初具雏形。1959年，世界上第一台工业机器人诞生，名为"尤尼梅特"（图9-5），是由恩格尔伯格和乔治·德沃尔发明制造的，这台机器重约 2t，有着一个精确度达 1/10000in 的机械手臂。这台机器的发明彻底颠覆了现代制造业，恩格尔伯格也被称为"机器人之父"。

图9-5 尤尼梅特

20 世纪 50 年代，美国发明家乔治·德沃尔，发明出可以进行精细工作的机械手臂，这个机械手臂可以按照指令进行反复"抓"和"举"。

1969 年，舍曼发明了世界上第一台由计算机操控的机械手臂（图9-6），取名为斯坦福机械手臂，它能够精确地追踪空间中的任意路径，可以帮助机器人完成更复杂的作业，比如电焊、安装等。这是机器人技术的重大突破。

图9-6 第一台由电动计算机控制的机器人手臂

1972年，日本加藤一郎教授所创立的实验室设计出世界上第一个全尺寸人形"智能"机器人——WABOT-1（图9-7）。这台机器人重约160kg，高约2m，共有26个关节。它类似于人，有双手和双腿，手上安装了触觉传感器。

图9-7　WABOT-1

1996年，麻省理工学院的博士生大卫·巴雷特研发出一种仿生机器人Robotuna。这是一艘全功能机器鱼（图9-8），它由六个伺服电机控制，通过模仿金枪鱼的运动和形状，探索新型的水下推进系统。事实证明这台机器非常成功，比其他的水下机器人的灵活性和机动性更高，耗能也更少。

图9-8　机器鱼

大狗机器人（Bigdog）（图 9-9）因外形而得名，由波士顿动力公司设计研发，这种机器人起初是为美国军方研发的。大狗机器人行进不依靠轮子，而是通过装有特殊减震器的四肢，行进速度可达到 7km/h，可以爬上 35°的斜坡。它重约 75kg，长为 1m，高 70cm。它可以携带重量超过自身两倍的军用物资。

图 9-9　Bigdog 机器人

Sophia 是一款女性机器人（图 9-10），由香港公司 Hanson Robotics 研发，它被认为是最接近于人类的机器人，它可以和人类进行交流，能够识别人类的面部表情。

图 9-10　Sophia 机器人

现在，机器人已经在很多领域里取得了令人瞩目的成绩。在这一过程中，机器人的成长经历了三个阶段。在第一阶段，机器人只能按照已经编写好的程序代码进行工作，它并不会自主地处理来自外界的信息。在第二个阶段，机器人似乎拥有了类似人的感觉神经，具有听觉、视觉、触觉等功能，能够根据外界的不同信息做出相应的反应。比如让它去抓一些会令它自己受损的东西，它可能不会去执行。在第三个阶段，机器人不仅具有更多感知外界能力的能力，而且还能自主学习，自己可以决定什么该做和如何去做。

## 第三节　国内外机器人发展政策与形势

### 一、美国机器人发展政策与形势

美国是世界上最早生产制造机器人的国家。1959年，美国制造出了世界上第一台工业机器人，早于日本。经过60多年的发展，美国的机器人技术基础雄厚，现在已经成为世界上的机器人强国，但其发展的道路却是十分曲折的。

20世纪60年代到70年代期间，美国政府对工业机器人的态度是只做做基础性研究，并没有把其列入重点发展项目，可以说这是一项错误的战略决策。20世纪70年代末，虽然美国政府和商界对机器人给予了一定的重视，但在技术路线上仍是重视核工程、海洋、军事等特殊领域的高级机器人的开发上，这就给了日本机会，这一时期，日本的工业机器人在工业生产制造业的应用上赶超美国，成为国际市场中美国强有力的竞争对手。在此情况下美国政府感受到了压力，才开始重视起工业机器人。

### 二、法国机器人发展政策与形势

无论是在机器人拥有量还是在机器人应用水平和范围上，法国都处于世界先进水平。20世纪70年代，法国研制出了第一台移动机器人和第一批工业机器人。到了80年代，法国诞生了一批机器人企业，这些企业是面向服务行业的机器人企业。在市场上推出了各种各样的机器人服务，如护理残疾人、面向工业清洁、核设施监测等。不仅如此，科学界和国防工业也加入了研究机器人的队伍。遗憾的是，因为缺乏经济上的支持，在20世纪末，法国的工业机器人产业开始衰落。如今，随着科学技术的不断进步，法国机器人制造业在21世纪初逐渐复苏，出现了新一代服务型机器人企业。一些大公司也在进军机器人制造业。如今，法国拥有国际一流的机器人研发团队，在世界范围内的服务型机器人领域中极具竞争力。

### 三、德国机器人发展政策与形势

德国的工业机器人的发展速度十分迅速，机器人拥有量位居世界第三位，紧跟日本和美国。德国政府对工业机器人大力支持，在其发展的早期阶段起到了重要的主导作用。20世纪70年代中后期，德国政府颁布了《改善劳动条件计划》，用机器人来代替人类在一些有毒有害的岗位上工作。可以说这个计划推动了机器人技术的发展，拓宽了机器人的应用市场。近年来，德国在制造业里将信息技术和互联网相结合，实施"工业4.0"战略，其智能机器人的研究在世界处于领先地位。

### 四、日本机器人发展政策与形势

20世纪60年代末，日本经济的飞速发展造成了劳动力严重短缺的局面。为此，1967年，日本川崎重工公司从美国Unimation公司将机器人及其技术引进回国，建立了生产车间，1968年川崎的第一台"尤尼梅特"机器人诞生了。

因为日本的劳动力严重短缺，所以机器人十分受欢迎，被企业当作是救世主。一方面，日本政府在经济上采取了积极的扶持政策，鼓励机器人的发展和应用。通过这种方式，企业家的积极性也被带动了起来。对中小企业，政府有很多经济上的优惠政策，鼓励这些企业成立"机器人长期租赁公司"，公司投资购买机器人，然后长期租赁给用户。日本政府和企业对于机器人给予充分的信任，大胆使用机器人。机器人也没有辜负人们对它们的期望，它们提高了生产效率，在减少了生产成本的同时也改进了产品的质量，并且解决了劳动力不足这一难题，成为日本保持经济增长速度和产品竞争能力的一支不可缺少的队伍。

### 五、我国机器人发展政策与形势

我国的工业机器人技术起步比较晚，始于20世纪70年代初，历经40多年的发展，大致可分为三个阶段：萌芽期、开发期、应用化期。20世纪80年代末，国家拨巨款研究工业机器人。几十年来相继研制出了装配机器人，喷漆、点焊、弧焊机器人，特种机器人。在资金、政策等因素的帮助和推动下，我国机器人发展取得了令人瞩目的成就，在核能、宇宙、海洋等领域做出了卓越的贡献。未来我国的工业机器人技术发展的重点将是"智能化＋机器人"的模式。伴随着市场竞争将越来越激烈，我们必须加快工业机器人技术研发的步伐，这样才能融入全球合作生态构建之中。

# 第四节  机器人的"器官"

如果想要机器人去模仿人或动物的某种行为特征，相应地就应该具有人脑或动物脑的一部分功能。我们所熟悉的电脑就是机器人的大脑。但是光有电脑发号施令还不行，还得给机器人装上各种"器官"。

## 一、机器人的鼻子

人类之所以能够闻到气味，辨别出香臭，是靠鼻黏膜来实现的。在这个只有 $5cm^2$ 的黏膜上分布着约 500 万个嗅觉细胞。正是有了它们，我们才可以感受到物质的刺激，产生神经脉冲传送到大脑，我们的鼻子才可以辨别气味。事实上，人类的鼻子就像是一部精密的气体分析仪。和人类相比，狗的鼻子更为敏锐，但是现在机器人的鼻子要比狗鼻子还要厉害。机器人是怎么做到的呢？

机器人的鼻子上有一种装置，可以自动分析气体。目前我国已经研制出了一种叫嗅敏仪的机器，这种机器能够分辨出 40 多种气体，包括 CO，这是可以致人死亡的气体。不仅如此，这种嗅敏仪还可以追踪气味的来源，找到漏点的所在位置。现如今，机器人的鼻子被广泛应用于检测各种气体，例如在太空监察环境、分析宇宙飞船座舱里的气体成分等。

## 二、机器人的手和脚

机器人用"手"和"脚"通过计算机的"指令"来行动。"手"和"脚"不仅是执行命令的机构，还要具有"感知"的功能，也就是我们常说的"触觉"。人的冷、热、软、硬等感觉就取决于触觉器官。当我们在黑暗中看不见东西的时候，常常要用手去触摸才能发现它们。我们的大脑通过手和脚的接触来获得信息，大脑接收到信息的反馈，进而对动作进行调整，使其适当。所以，我们也应该为机器人去设计这样一双"手"，一双可以触摸、可以识别信息的"手"（图 9-11）。目前，机器人已经拥有灵巧的手指、手腕、肘部，上肢可以灵活地弯曲和摆动。装有传感器的手指还能感受到所抓握物体的重量，可以说和人类的双手没什么区别。

图 9-11　机器人手

## 三、机器人的眼睛

常言道眼睛是心灵的窗户，生活中的大部分信息都是依靠视觉来获取。机器人也是如此，我们把机器人的眼睛称为"机器视觉"（图 9-12）。通俗来讲，机器视觉其实就是用计算机来模拟人眼的功能，对外界信息进行识别、测量和判断。所谓"视觉"就是通过视觉传感器、照相机、图像采集卡等硬件将信息通过成像转换成数字信号反馈给计算机，然后再利用计算机的算法把反馈得到的数字信号再进行分析和处理。

（1）机器认字。生活中邮局的工作人员对投递到邮筒里的信件进行分拣，然后再发往各地。人工分拣的话，一个人一天大约能分拣 2000 ～ 3000 封信，如果用机器分拣，效率则是人工的十倍以上。其实机器识别的原理有点像我们人类识字的过程。首先，要对输入的邮政编码进行分析，提取邮政编码的特征。例如，如果输入数字是"9"，那么它的特征是顶部是个圆，在其左下方是个弧形的弯。二是比较，将这些特征与机器里的 0 ～ 9 这十个符号的特征进行比较，最接近哪个数字的特点，即是哪个数字。这种方法称为统计识别方法。机器人识别字符的这一功能不仅可以应用在邮政系统，还可以应用于银行汇总、办公自动化、手写程序、统计、自动排版等方面。

（2）机器识图。现有的机床加工零件主要是依靠技术人员查看图纸来操作。机器人可以识别图纸吗？答案是肯定的。它将图像分解成最基本的元素，像点、斜线、虚线、直线、弧等，研究它们是如何构成图像，找到这样的规律。也就是从结构出发，分析检查准备要识别的图像属于哪种规律，然后识别它。

（3）机器识别物体。机器识别物体指的就是三维识别系统。电视摄像机通常用作信息输入系统。机器对物体的识别系统要输入明暗信息、颜色信息、距离信息这三种信息，只不过方法有所不同。电视摄像机可以从不同的方向和不同的角度拍摄，所以可以获取不同角度的图形，提取图形的共同特征再参照计算机当中关于这种图形的物体特征，就可以对其进行识别。现如今，机器不仅可以识别形状简单的物体，还可以识别曲面和电子部件等复杂形状的物体。目标识别主要用于检验工业产品的外观、工件的分类和装配等方面。

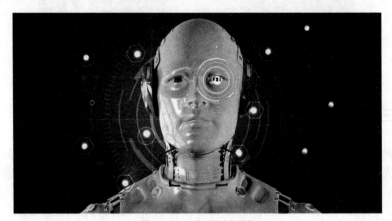

图 9-12　机器人眼睛

## 四、机器人的耳朵

机器人的耳朵一般就是用录音机来做的。被送到太空去的遥控机器人的耳朵就是一架无线电接收机。人类的耳朵是非常灵敏的，我们可以听到十分微弱的声音。然而有一种"耳朵"却比人的耳朵更灵敏，它能听到像火柴等微小物体反射的声波，这就是由钛酸钡的压电材料制成的"耳朵"。这种材料制成的耳朵之所以可以听到声音，是因为它在受到压力或张力时会产生电压导致电路发生变化。这种特性称为压电效应。当压电材料在声波的作用下不断地被拉伸或压缩时，它产生的电流会随着声音信号的变化而变化。这种被放大器放大后的电流，被送到计算机进行处理，于是机器人就可以听到声音了（图9-13）。

可以听到声音只是完成了第一步，能够识别不同的声音才是最重要的。当前已经开发出能够识别连续语音的装置。它能够识别不同的人发出的声音，比率能达到99%。这项技术大大降低了对电子计算机操作员的特殊要求。操作人员可以口头直接向计算机发出指令，仅一个人就可以通过声音

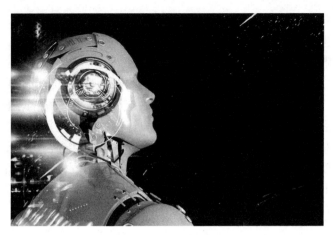

图 9-13　机器人耳朵

同时控制几台机器。

现如今，人们还在进一步研究，希望机器人可以通过声音来辨别人的心理活动，希望未来的机器人能够理解人类的情绪，比如愤怒、忧伤、喜悦、犹豫等。这些都将会给机器人的应用带来无限的发展空间。

# 第五节　机器人与人类的关系

## 一、机器人的"福"与"祸"

现代社会的发展越来越快，随之而来的是社会分工变得越来越精细，尤其是在现代生产中，有的人一整天都是在从事同一机械化工作。于是人们就希望能出现这样一种机器，它可以代替自己做这种枯燥、危险的工作——机器人诞生了。很多人担心机器人会成为自己职业上的强有力的竞争者。事实上，这种担忧完全没有必要。任何先进的科技成果的出现都将会提升产品质量、提高生产效率、创造更多的社会财富，必然会提供更多的就业机会。在人类的生产历史上，这一点早已被证明了。任何一种新事物都具有两面性，当利大于弊时，人们才会很快地接受它认可它。在回答有关工业机器人的问题时，一位来自英国的著名政治家说过这样一句话："日本是世界上机器人数量最多、失业率最低的国家。英国是发达国家中机器人数量最少，但是失业率却是最高的国家。"这说明了一个问题，机器人不会和人类抢饭碗。

现如今，机器人的出现已经深深改变了人类的生活。随着计算机芯片技术的不断发展，机器人的智能越来越接近于人类。与此同时，机器人的"威胁论"也受到了人们的广泛关注。事实上，无论是工业机器人还是特种机器人，都存在着与人类相处的问题。由于一些机器人系统还不够完善，使得机器人使用的早期阶段引发了一系列的意外事故。这给使用机器人的人们带来了心理阴影，导致一些人开始讨论机器人是福是祸。日本的一个研究小组经过研究终于解开了机器人威胁论的谜底。外部电磁波的干扰会使机器人内部的程序产生紊乱，导致机器人动作失误而致人死亡。此后，专家在机器人内部编程时增加了一个抗电磁干扰的程序。在接下来的几十年里，意外伤害事件越来越少。正是因为有了安全可靠的机器人来完成人类赋予的任务，人们使用机器人的热情也越来越高。

## 二、"阿法狗"战胜了什么

北京时间2017年5月27日，人机大战落下帷幕。按照柯洁自己的要求，比赛中柯洁执白子，阿法狗执黑子，双方战至209手时，全球瞩目的人机大战以阿法狗3：0大获全胜告终（图9-14）。

图9-14 柯洁与阿法狗的比赛

阿法狗（AlphaGo）是第一个击败人类职业围棋选手的人工智能机器人，也是第一个机器人中的围棋世界冠军。AlphaGo是由谷歌旗下的DeepMind公司戴密斯·哈萨比斯领导的团队开发的。

2016年3月，AlphaGo"横空出世"，以4：1的比分击败韩国选手李世石，赢得了人机博弈的首场比赛。随后，AlphaGo转战网络，升级到2.0版。AlphaGo与我国、日本和韩国最好的选手进行了比赛，并连续赢得了60场比赛。

就像我们发明了观察宇宙的望远镜一样，借助 AlphaGo，围棋专家可以探索自己未知的世界，探索围棋世界的奥秘。AlphaGo 的发明不是为了赢得比赛，而是作为一个平台来测试我们开发的人工智能算法，最终目的是应用这些算法在现实世界中为人类和社会服务。

### 三、机器人是人类的助手和朋友

英国雷丁大学的控制论领域的专家凯文·渥维克教授在他的《机器的征途》一书中，描述了机器人将如何影响未来的社会。他觉得，在 50 年内，机器人的智能将高于人类。在某些方面机器人确实比人类强，比如说力量比人类大、速度比人类快，但是在综合智能上，机器人与人类还相差甚远，还没有威胁到人类。但这并不意味着在面对自己的创造物时，人类总是能占上风。有些预见也从另一个角度给人类敲响了警钟，不要给自己制造敌人。机器人还没达到这种程度，因为现在的机器人不仅没有对我们构成威胁，它还给社会带来了巨大的利益。但是那些带有攻击性武器的机器人应加以选择和限制发展，我们不能让机器人掌握生杀大权。"工欲善其事，必先利其器。"人类在认识自然、改造自然的过程中，创造出了很多为人类服务的工具，其中许多工具都具有划时代的意义，其中就包括机器人。作为 20 世纪一项伟大成就，机器人已经融入我们的生活中，已经成为人类生活的一部分。

 **思考题**

1. 机器人三原则是什么？
2. 你怎样认为人与机器人的关系？
3. 你希望的机器人的世界是什么样子？

## 参考文献

[1] 李乾朗. 穿墙透壁: 剖视我国经典古建筑 [M]. 桂林: 广西师范大学出版社, 2009.

[2] 王海军, 韩雪. 松浦大桥大跨径现浇箱梁施工临时墩架设计 [J]. 兰州理工大学学报, 2011, (2): 122-126.

[3] 王玉. 五行五色说与我国传统色彩观探究 [J]. 美术教育研究, 2012, (21): 31-33.

[4] 范重, 刘先明, 范学伟, 等. 国家体育场大跨度钢结构设计与研究 [J]. 建筑结构学报, 2007, 28(2): 1-16.

[5] 杨志疆. 第二自然的山水重构——MAD 的哈尔滨大剧院设计解读 [J]. 建筑学报, 2016, (6): 57-59.

[6] 汪筱林. 拼接化石"古盗鸟"研究取得新进展 [J]. 古脊椎动物学报, 2003, 41(1): 87-87.

[7] 张增凤, 丁慧贤, 李洪涛. 高等工程教育与工程文化教育研究现状与特点——基于 2005—2015 年发表的论文数据分析 [J]. 黑龙江教育 (高教研究与评估), 2017, (5): 61-63.

[8] 梁思成. 营造法式注释 [M] // 梁思成. 梁思成全集. 七卷. 北京: 我国建筑工业出版社, 2001.

[9] 维特鲁威. 建筑十书 [M]. 高履泰译. 北京: 知识产权出版社, 2001.

[10] 尚荣. 洛阳伽蓝记 [M]. 北京: 中华书局, 2012.

[11] 宗培言. 机械工程概论 [M]. 北京: 机械工业出版社, 2001.

[12] 范君艳. 智能制造技术概论 [M]. 武汉: 华中科技大学出版社, 2019.

[13] 赵中宁. 智能制造基础与应用 [M]. 北京: 机械工业出版社, 2019.

[14] 迈克·W 马丁, 罗兰·辛津格. 工程伦理学 [M]. 李世新译. 北京: 首都师范大学出版社, 2010.

[15] 何晓璞, 王全权. 浅论工程师对管理者的"批判性忠诚" [J]. 法制与经济社, 2011, (2): 127-128.

[16] 朱葆伟. 工程活动的伦理问题 [J]. 哲学动态, 2006, (9): 37-45.

[17] 李克, 朱新月. 我国制造, 迈向 2025 的脚步 [J]. 企业管理, 2016, (2): 6-12.

[18] 王宁. 基于嵌入式系统的开放式教育机器人控制器 [D]. 郑州: 郑州大学, 2007.

[19] 周湛学. 机械发明的故事 [M]. 北京: 化学工业出版社, 2018.

[20] 张波. 工程文化 [M]. 北京: 机械工业出版社, 2010.

[21] 李约瑟. 我国科学技术史 (第四卷)·物理学及相关技术 (第二分册): 机械工程 [M]. 北京: 科学出版社, 1999.

[22] 张策. 机械工程史 [M]. 北京: 清华大学出版社, 2015.

[23] 哈里斯. 工程伦理: 概念和案例 [M]. 丛杭青等, 译. 杭州: 浙江大学出版社, 2006.

［24］曾志新．机械制造技术基础［M］．武汉：武汉理工大学出版社，2001.

［25］张春林．机械创新设计［M］．北京：机械工业出版社，2007.

［26］涂铭旌．材料创造发明学［M］．成都：四川大学出版社，2007.

［27］王学理．秦始皇帝陵史话［M］．北京：社会科学文献出版社，2017.

［28］埃德蒙・德瓦尔．白瓷之路［M］．桂林：广西师范大学出版社，2017.

［29］涂睿明．捡来的瓷器史［M］．长沙：湖南人民出版社，2018.

［30］吴军．文明之光［M］．北京：人民邮电出版社，2014.

［31］王力．我国古代文化常识［M］．北京：北京联合出版社，2014.

［32］米奥多尼克．迷人的材料［M］．赖盈满译．北京：北京联合出版社，2015.

［33］郝士明．材料图传［M］．北京：化学工业出版社，2014.

［34］杨天林．化学与人类文明［M］．北京：我国社会科学出版社，2011.

［35］田民波．材料学概论［M］．北京：清华大学出版社，2015.

［36］田民波．创新材料学［M］．北京：清华大学出版社，2015.

［37］佟立本．交通运输概论［M］．北京：我国铁道出版社，2005.

［38］季令主．交通运输政策［M］．北京：我国铁道出版社，2003.

［39］李作敏．交通工程学［M］．2版．北京：人民交通出版社，2004.

［40］贾如丽．汽车形态仿生设计中的人性化［J］．江苏教育学院学报（社会科学），2011，5(618)：144-146.

［41］晓夫．从汽车业发展看文化背景的影响［J］．汽车与社会，1999，(10)：51-52.

［42］丁奇．大话无线通信［M］．北京：人民邮电出版社，2010.

［43］张威．GSM 网络优化：原理与工程［M］．北京：人民邮电出版社，2003.

［44］叶敏．程控数字与交换网［M］．北京：人民邮电出版社，2003.

［45］纪红．7 号信令系统［M］．北京：人民邮电出版社，1999.

［46］张中荃．程控交换与宽带交换［M］．北京：人民邮电出版社，2003.

［47］丁奇，阳桢．大话移动通信［M］．北京：人民邮电出版社，2011.

［48］邵培仁．传播学［M］．北京：高等教育出版社，2007.

［49］吴文虎．新闻事业经营管理［M］．北京：高等教育出版社，2010.

［50］李英武．互联网络与社科期刊的发展方向［J］．编辑学刊，2000(6)：45-50.

［51］邓元慧，王国强．通信技术的前世今生［J］．张江科技评论，2019(1)：6.

［52］金开诚，金舒年．人文随想［M］．北京：我国文史出版社，2005.

［53］夏德元．电子媒介人的崛起［D］．上海：复旦大学博士论文，2011.

［54］吴雨龙，洪亮．精细化工概论［M］．北京：科学出版社，2009.

［55］李勇．报纸广告的前生今世——简析传播技术的发展对报纸广告的影响［J］．盐城工学院学报，2011，(3)：64-67.

［56］吴志荣．人类信息交流的变革和社会文明的变迁［J］．上海师范大学学报（哲学社会科学版)(6)：67-75.

［57］叶平．电脑史话［M］．北京：北京大学出版社，1999.

［58］张大凯．电的旅程［M］．长沙：湖南科学技术出版社，2013.

［59］斯帕．技术简史［M］．2版．倪正东译．北京：中信出版社，2016.

[60]李忠.穿越计算机的迷雾[M].北京：电子工业出版社，2011.

[61]于秀娟.工业与生态[M].北京：化学工业出版社，2003.

[62]曲向荣.环境工程概论[M].北京：机械工业出版社，2011.

[63]任毅斌.基于伦敦治污经验的我国城市空气污染治理探讨[J].河北工业科技，2013，30(5)：386-390.

[64]姚刚.鄱阳湖水生生物中痕量元素砷硒汞的环境和生物效应研究[D].成都：成都理工大学，2006.

[65]史志诚.1952年英国伦敦毒雾事件[C]//毒理学史研究文集（第六集）.西安：西北大学生态毒理研究所，2006.

[66]顾昊元，肖翔，袁陈晨，等.基于小波神经网络的松江区$PM_{2.5}$浓度预测[J].上海工程术大学学报，2015，(2)：175-178.

[67]邓晶.浅析环境变暖的危害及对策设想[J].岁月（下半月），2011，(9)：45.

[68]张昊哲.我国城市总体规划文本中环境政策表达技术研究[D].哈尔滨：哈尔滨工业大学，2011.

[69]简工博.环保不力官员下课[J].现代领导，2014，(7)：9.

[70]符颖.《从地方分治到参与共治——我国流域水污染治理研究》读后[J].首都师范大学学报（社会科学版），2012，(S1)：36-40.

[71]赵安启，胡柱志.我国古代环境文化概论[M].北京：我国环境科学出版社，2008.

[72]邓文俊.磁瓦自动生产线机械手系统的研究及开发[D].杭州：浙江理工大学，2016.

[73]胡婷婷.基于深度学习的移动机器人重定位算法研究[D].北京：北京邮电大学，2019.

[74]王宁.基于嵌入式系统的开放式教育机器人控制器[D].郑州：郑州大学，2007.

[75]李艳.非完整移动机器人的路径规划与轨迹跟踪控制研究[D].西安：长安大学，2010.

[76]叶聪红.本质不稳定两轮车辅助平衡装置的智能控制[D].西安：西安电子科技大学，2006.

[77]刘博闻.机器人道德地位问题探究[D].南宁：广西大学，2018.

[78]王利红.基于红外传感智能巡线机器人研究与设计[J].微计算机信息，2008，(29)：242-244.

[79]杨斌.基于DSP的小型视觉履带机器人研究[D].昆明：昆明理工大学，2012.

[80]朱力.目前各国机器人发展情况[J].我国青年科技，2003(11)：2.

[81]白杉，子荫.机器人化工程机械[J].工程机械，2002，33(7)：8-11.

[82]武汉市教育科学研究院.信息技术.第2册[M].武汉：华中师范大学出版社，2011.

[83]李晓菁.基于ARM的搬运机器人云模型控制器设计[D].镇江：江苏科技大学，2013.

[84]赖维德.对我国工业机器人的一些看法[J].我国机械工程，1998，9(6)：1-2.

[85]王渝生.机器人今夕[J].科学世界，2011，(8)：82-83.